土木建筑职业技能岗位培训

计划大纲

建设部人事教育司组织编写

中国建筑工业出版社

图书在版编目（CIP）数据

土木建筑职业技能岗位培训计划大纲/建设部人事教育司组织编写．—北京：中国建筑工业出版社，2003

ISBN 978-7-112-05501-2

Ⅰ．土…　Ⅱ．建…　Ⅲ．土木工程-技术培训-教学大纲　Ⅳ．TU-41

中国版本图书馆 CIP 数据核字(2003)第 004029 号

土木建筑职业技能岗位培训计划大纲

建设部人事教育司组织编写

*

中国建筑工业出版社出版、发行（北京西郊百万庄）

各地新华书店、建筑书店经销

北京云浩印刷有限责任公司印刷

*

开本：850×1168 毫米　1/32　印张：7½　字数：200 千字

2003 年 4 月第一版　　2011 年 8 月第三次印刷

定价：**16.00** 元

ISBN 978-7-112-05501-2

（20924）

本书是建设部人事教育司组织编写的“土木建筑职业技能岗位培训教材”的配套“计划大纲”，是根据建设部颁发的《职业技能标准》、《职业技能岗位鉴定规范》中的各工种、各等级的应知、应会的要求编写的。

本书内容包括：砌筑工、抹灰工、混凝土工、钢筋工、木工、油漆工、架子工、防水工、试验工、测量放线工、水暖工、建筑电工等工种，每个工种按初、中、高三个等级分别编写，并分别给出了各等级工人应知、应会的考核内容，供各地培训考核部门参照执行。

* * *

责任编辑　吉万旺

关于印发《土木建筑职业技能岗位培训计划大纲》的通知

为深入贯彻全国职业教育工作会议精神，落实建设部、劳动和社会保障部《关于建设行业生产操作人员实行职业资格证书制度的有关问题的通知》精神，全面提高建筑施工生产操作人员的岗位操作技能和理论知识，我司在总结全国建设职业技能岗位培训与鉴定工作经验的基础上，根据建设部颁发的《职业技能标准》、《职业技能岗位鉴定规范》和建设部、劳动和社会保障部共同审定的土建8个《国家职业标准》，组织制定了砌筑工、抹灰工、混凝土工、钢筋工、木工、油漆工、架子工、防水工、试验工、测量放线工、水暖工和建筑电工等12个职业（岗位）的《土木建筑职业技能岗位培训计划大纲》，现印发实行。

各地在实施过程中如有问题和建议，请及时函告。

建设部人事教育司

2002年10月28日

出 版 说 明

为深入贯彻全国职业教育工作会议精神，落实建设部、劳动和社会保障部《关于建设行业生产操作人员实行职业资格证书制度的有关问题的通知》（建人教[2002] 73号）精神，全面提高建设职工队伍整体素质，我司在总结全国建设职业技能岗位培训与鉴定工作经验的基础上，根据建设部颁发的《职业技能标准》、《职业技能岗位鉴定规范》和建设部与劳动和社会保障部共同审定的手工木工、精细木工、砌筑工、钢筋工、混凝土工、架子工、防水工和管工等8个《国家职业标准》，组织编写了这套"土木建筑职业技能岗位培训教材"。

本套教材包括砌筑工、抹灰工、混凝土工、钢筋工、木工、油漆工、架子工、防水工、试验工、测量放线工、水暖工和建筑电工等12个职业（岗位），并附有相应的培训计划大纲与之配套。各职业（岗位）培训教材将原教材初、中、高级单行本合并为一本，其初、中、高级职业（岗位）培训要求在培训计划大纲中具体体现，使教材更具统一性，避免了技术等级间的内容重复和衔接上普遍存在的问题。全套教材共计12本。

本套教材注重结合建设行业实际，体现建筑业企业用工特点，学习了德国"双元制"职业培训教材的编写经验，并借鉴香港建造业训练局各职业（工种）《授艺课程》和各职业（工种）知识测验和技能测验的有益作法和经验，理论以够用为度，重点突出操作技能的训练要求，注重实用与实效，力求文字深入浅出，通俗易懂，图文并茂，问题引导留有余地，附有习题，难易适度。本套教材符合现行规范、标准、工艺和新技术推广要求，并附《职业技能岗位鉴定习题集》，是土木建筑生产操作人员进行职业技能岗位培训的必备教材。

本套教材经土木建筑职业技能岗位培训教材编审委员会审定，由中国建筑工业出版社出版。

本套教材作为全国建设职业技能岗位培训教学用书，也可供高、中等职业院校实践教学使用。在使用过程中如有问题和建议，请及时函告我们。

建设部人事教育司

2002年10月28日

土木建筑职业技能岗位培训教材

编审委员会

目　录

初级砌筑工培训计划与培训大纲

一、培训目的与要求

本计划大纲是根据建设部颁布的《建设行业职业技能标准》初级砌筑工的理论知识（应知）、操作技能（应会）要求，结合全国建设行业全面实行建设职业技能岗位培训与鉴定的要求，按照《职业技能岗位鉴定规范》初级砌筑瓦工的鉴定内容编写的。

通过对初级砌筑工的培训，使初级砌筑工基本掌握本等级的技术理论知识和操作技能，掌握初级砌筑工本岗位的职业要求，了解施工基础知识，为参加建设职业技能岗位鉴定做好准备，同时为升入中级砌筑工打下基础。其培训具体要求：掌握识图的基本知识；掌握房屋构造的基本知识；了解砌筑材料的性能、质量要求和应用部位；掌握常用砌筑工具和设备的使用方法；掌握基本砌筑操作方法；掌握砌筑基础、混水墙等砌体和坡屋面挂瓦及砌筑管道排水工程的操作工艺和操作要点；了解季节施工的要求；掌握砌筑工程的质量评定检验标准和检测方法；具备安全生产、文明施工、产品保护的基本知识及自身安全防备能力；具有对职业道德的行为准则的遵守能力。

二、理论知识（应知）和操作技能（应会）的培训内容和要求

根据培训目的和要求，在培训过程中要严格按照本计划大纲的培训内容及课时要求进行。适应目前建筑施工生产的状况、特

点，要加强实际操作技能的训练，理论教学与技能训练相结合，教学与施工生产相结合。

培训内容与要求

1. 建筑识图

培训内容

(1) 建筑工程施工图和它的种类；

(2) 图线比例、符号、尺寸、标高；

(3) 平面图、立面图、剖面图、详图；

(4) 看图的方法步骤；

(5) 看图的要点。

培训要求

(1) 了解什么是建筑工程施工图，并清楚施工图的种类有建筑总平面图，建筑施工图，结构施工图，水、电、暖通施工图等；

(2) 了解图纸上线条的作用、图纸的比例要求，图上符号、尺寸、标高的标志方法及含义；

(3) 会看懂一般的建筑施工图，如简单的平面图、立面图等，掌握看图要领、方法和步骤；

2. 房屋构造、砖石结构和抗震基本知识

培训内容

(1) 房屋建筑的分类；

(2) 建筑的等级；

(3) 民用建筑的构造；

(4) 单层工业厂房的构造。

培训要求

(1) 通过学习了解房屋建筑由于使用功能的不同而划分成各种不同的类型，以及根据建筑的年限及意义分成不同的等级；

(2) 了解民用房屋各层次、各构件、部件的构造及一般的装饰要求，达到能在头脑中形成一栋房屋的概念；

（3）了解单层工业厂房的特点，以及它的构造形成和构、部件的组合方法。

3. 常用砌筑材料及工具设备

培训内容

（1）普通烧结砖（包括实心砖、多孔砖、大孔砖）；

（2）硅酸盐类砖；

（3）砌块（大型砌块、空心砖砌块等）；

（4）耐火砖；

（5）砌筑用石材；

（6）砌筑砂浆；

（7）瓦及排水管材；

（8）钢筋（墙加筋）；

（9）木砖。

培训要求

（1）了解各种工种块材的形状、尺寸、物理性能，以及它们适宜使用的部位；

（2）了解砌筑砂浆的种类、所用原材料的要求，以及影响砂浆强度的因素及掺附加剂的一些规定；

（3）熟悉防排水需用的瓦及管材的种类，以及它的一些规格性能和使用要求；

（4）了解配合砌筑的各种材料的一些要求。

4. 砌筑常用工具和设备

培训内容

（1）常用工具的种类和名称；

（2）质量检测工具；

（3）常用机械设备；

（4）砌块施工的常用机具；

（5）砌筑工程的辅助工具。

培训要求

（1）了解常用工具的种类、形式和作用，并会使用；

(2) 了解质量检测工具的名称，使用方法和所起的作用并学会使用；

(3) 了解常用机械的种类、名称和应用，并知道如何维护保养和安全注意事项；

(4) 了解砌筑用的辅助工具（脚手架）的种类和使用要求。

5. 砖砌体的组砌方法

培训内容

(1) 砖砌体的组砌原则；

(2) 砌体中砖及灰缝的名称；

(3) 实心墙的组砌方法（包括转角组砌）；

(4) 空斗墙的构造和组砌方法；

(5) 空心砖墙的组砌方法；

(6) 矩形砖柱的组砌方法。

培训要求

(1) 弄懂砌体中各种砖由于放置位置不同，有不同的称呼，如丁砖、条砖等；以及各种灰缝的不同称呼，如立缝、水平缝等；

(2) 学会组砌各种墙体和砖柱，通过各种组砌和摆砖懂得其构成砌体的方法（暂时可以不用砂浆铺砌）。

6. 砖砌体的传统操作法

培训内容

(1) 砌砖基本动作；

(2) 瓦刀披灰操作法；

(3) 大铲刨锛操作法。

培训要求

(1) 通过学习学会操作中的取砖、铺灰、摆砖、砍砖等动作和身法、步法、手法的要领，掌握砌转基本功；

(2) 能够根据各地区的传统方法采用不同操作法，结合实心砖砌体的组砌方法，用砂浆铺砌各种方式的砌体。

7. 二三八一操作法

培训内容

（1）二三八一操作法的由来；

（2）两种步法；

（3）三种弯腰姿势；

（4）八种铺灰手法；

（5）一种挤浆动作；

（6）实施二三八一操作法的条件。

培训要求

（1）了解二三八一操作法的形成及优点，以及实施该种操作方法在人员、工具、设施上的要求；

（2）在条件许可的情况下，掌握二三八一操作法，并在全国进行推广。

8. 砖基础的砌筑

培训内容

（1）砖基础砌筑的工艺程序；

（2）砖基础砌筑的操作要点（大放脚的摆砖铺砌）；

（3）质量标准；

（4）应预控的质量问题；

（5）安全注意事项。

培训要求

（1）了解砖基础砌筑的准备工作，施工先后顺序，操作中应注意的要点；

（2）在师傅的指导下能砌砖基础并懂得如摆砖撂底、盘角、收台阶、找中线等；

（3）掌握质量标准要求，并能在操作完成后对照标准进行检查；

（4）了解基础砌筑容易出现的质量问题及质量通病；

（5）掌握基础砌筑时应注意的安全事项，增强自身操作的安全意识。

9. 砖墙的砌筑

培训内容

(1) 砖墙砌筑的工艺顺序；

(2) 砖墙砌筑的操作要点（包括封山、拔檐、勾缝）；

(3) 质量标准；

(4) 应预控的质量问题；

(5) 安全注意事项。

培训要求

(1) 从理论上了解砖墙砌筑的过程，如准备工作、砂浆拌制、脚手架搭设、抄平、放线、摆砖、盘角的操作要求，砌筑高度的控制，垂直平整度的掌握等；

(2) 通过培训能够检查放线及了解放线的意义、能检查对照皮数杆，并能以此进行砌筑，会盘角、接槎、摆砖、砌门窗口等操作，以及学会勾缝；

(3) 明确砌墙的质量标准和要求，能按照要求检查所砌砖墙；

(4) 掌握克服通缝、亮缝、搭接不严，游丁走缝等质量通病的方法；

(5) 了解上脚手架进行墙体砌筑的安全要求，并能在施工中遵照执行。

10. 石材砌体的砌筑

培训内容

(1) 石材砌体的组砌形式；

(2) 毛石基础的砌筑工艺和操作要点；

(3) 毛石和实心砖组合墙体砌筑工艺和操作要点；

(4) 块石墙身的砌筑工艺要点；

(5) 石材墙体的勾缝；

(6) 石材砌体的质量标准；

(7) 应预控的质量问题；

(8) 应防止的安全问题。

培训要求

（1）通过学习，了解毛石在砌体中不同位置的名称，砌筑时如何选石以及砌筑形式；

（2）了解毛石基础的砌筑工艺和应做的各项准备工作，并会进行砌筑；

（3）了解毛石墙与实心砖组合砌筑的方法和会进行操作；

（4）掌握块石墙体的砌筑工艺，准备工作，并会砌筑和了解砌筑要点；

（5）了解石材墙的勾缝形式、方法，通过训练会勾平缝和凸缝；

（6）掌握石材砌体的质量要求；

（7）能预控可能出现的质量问题和预防安全生产可能发生的事故。

11．砌块砌体的砌筑

培训内容

（1）大型砌块及小型砌块的工艺程序；

（2）一般小型砌块的砌筑方法；

（3）大型砌块砌筑的机具和方法；

（4）砌块砌筑的质量标准；

（5）应预控质量问题；

（6）应预防的安全问题。

培训要求

（1）了解大、小型不同砌块的组砌方法以及要做的施工准备；

（2）了解和掌握小型砌块的砌筑方法并会砌筑；

（3）了解大型砌块的组合方法、操作要求、门窗洞口的处理；

（4）掌握砌块砌筑的质量要求；

（5）做到能预防砌筑中可能发生的质量事故和安全问题。

12. 坡屋面挂瓦

培训内容

(1) 工艺程序;

(2) 操作要点;

(3) 质量标准;

(4) 应注意的质量问题;

(5) 安全注意事项。

培训要求

(1) 了解工艺顺序和操作准备工作，并学会运瓦、堆放、检查基层、铺盖平瓦、做屋脊和天沟、泛水的操作;

(2) 掌握铺盖平瓦屋面的质量标准;

(3) 掌握屋面渗漏、沟垄不直、瓦面不平、出檐不齐等质量通病出现的原因和克服办法;

(4) 了解屋面挂瓦在安全防护上、气候变化时、瓦量堆放上应注意的安全要求。

13. 排水管道的施工

培训内容

(1) 管道排水系统的组成;

(2) 管道铺设、窨井砌筑化粪池的工艺顺序;

(3) 管道铺设、砌窨井、砌化粪池的操作要点;

(4) 管道、窨井、化粪池砌筑的质量标准;

(5) 该类工程应注意的质量问题;

(6) 安全上应注意的事项。

培训要求

(1) 了解管道排水系统的组成，对施工操作的工作内容可以进一步明确;

(2) 掌握该三项施工的工艺过程，懂得应做哪些准备工作和操作中应注意的要点；通过学习应会铺管、砌窨井和化粪池;

(3) 明确各个工项分别规定的质量标准;

(4) 了解和预防各工项易出现的质量问题，并要求在操作中能够避免；

(5) 明确在深坑、槽内作业时的安全要求。

14. 季节施工常识

培训内容

(1) 雨期施工常识；

(2) 夏期施工常识；

(3) 冬期施工常识；

(4) 季节施工的安全要求。

培训要求

(1) 懂得什么叫季节施工，了解各季节施工的特点和要求，尤其应了解冬期施工的有关规定；

(2) 了解季节施工的特点后，应懂得在不同季节安全施工的特点和要求，并能落实执行。

15. 安全技术知识

培训内容

(1) 安全规程；

(2) 砌筑工操作安全知识。

培训要求

通过培训应懂得安全规程是国家对建筑工人安全健康的关怀，应了解国家对建筑行业发布了安全生产的规定，作为建筑工人应如何遵守安全操作规程和安全生产纪律。

三、培训时间和计划安排

培训时间及采取的方法，各地区可根据本地的实际情况采用不同的形式进行，但原则上做到扎实、实际、学以致用，基本保证下述计划表要求的课时；使学员通过培训掌握本职业的技术知识和操作技能。

计划课时分配表如下：

初级砌筑工培训课时分配表

序　号	课　题　内　容	计划学时
1	建筑施工图和房屋构造的基本知识	20
2	砌筑材料和工具机械设备	10
3	实心砖、空斗砖、空心砖的组砌	8
4	砖砌体的操作方法	16
5	砖基础毛石基础的砌筑	16
6	砖墙砌筑及砌块砌筑	20
7	平瓦屋面挂瓦	4
8	砌窨井、做水下管道	10
9	季节施工常识	4
10	质量标准及通病防治	10
12	安全技术知识	4
	合　计	122

四、考 核 内 容

1. 应知考试

各地区教育培训单位，可以根据教材中各部分的复习题，选择出题进行考试。可采用判断题、选择题、填空题及简答题四种形式。

2. 应会考试

各地区培训考核单位，可以根据地区的情况和实施的工程特点，在以下考试内容中选择 2～3 项进行考核。

（1）用干砖对基础、砖墙摆砖组砌（可根据当地的组砌形式指定）。

（2）用干砖组砌 36.5cm×36.5cm 方柱、49cm×49cm 方柱，墙宽 240mm 的外加 36cm×24cm 附墙垛。

（3）在实际砖基础中操作考核，检查应考人的收退、组砌、找中、灰浆饱满的操作。

（4）在实际毛石基础中操作考核，检查应考人的选石、组砌、退台、拉丁、灰浆填放、小石片垫缝等的操作是否符合要求。

（5）在实际砌筑混水墙中进行考核，考核门、窗口的排砖，小的转角排砖砌筑，踏步槎、锯齿槎的留设，灰缝厚度、游丁走缝、灰浆饱满度等，最后检查质量情况。

（6）在毛石墙实体砌筑中考核操作人的选石、墙厚的控制、组砌和拉丁、接槎、戗角的平直，每次砌筑高度和初步找平，最后检查质量进行评定。

（7）在砌筑砌块的实际操作中考核操作人在门、窗口处的排块、组砌与转角处理，在框架结构中与柱梁的处理、灰缝厚度等，最后检查质量并评定。

（8）在砖墙、毛石墙上勾缝，考核勾缝的程序和质量。

（9）进行屋面挂平瓦的考核，考核上瓦程序，检查基层、选瓦、出檐、屋脊等操作过程是否符合要求，并检查质量。

（10）排放下水管道的考核；考核下管程序、深入窨井的规定、接头、垫灰、找直、坡度、标高等，并做闭水实验检查。

（11）砌筑一个窨井进行考核，考核操作人对底标高的检查、放线的检查、排砖、收退，最后检查中心垂直和接管处的严格程度。

中级砌筑工培训计划与培训大纲

一、培训目的与要求

本计划大纲是根据建设部颁布的《建设行业职业技能标准》中级砌筑工的理论知识（应知）、操作技能（应会）要求，结合全国建设行业全面实行建设职业技能岗位培训与鉴定的要求，按照《职业技能岗位鉴定规范》中级砌筑工的鉴定内容编写的。

通过对中级砌筑工的培训，使中级砌筑工全面掌握本等级的技术理论知识和操作技能，掌握中级砌筑工本岗位的职业要求，了解施工基础知识，为参加建设职业技能岗位鉴定做好准备，同时为升入高级砌筑工打下基础。其培训具体要求：掌握建筑制图的基本知识和看懂较复杂的施工图；懂得砖石结构和抗震构造的一般知识；了解施工测量和放线的基本知识；掌握各种砖石基础大放脚摆底的方法；掌握异型砖块的放样板，砍、磨异型砖的方法；具有安全生产、文明施工、产品保护的基本知识及自身安全防备能力；具有对职业道德的行为准则的遵守能力。

二、理论知识（应知）和操作技能（应会）的培训内容与要求

根据培训目的和要求，在培训过程中要严格按照本计划大纲的培训内容及课时要求进行。适应目前建筑施工生产的状况、特点，要加强实际操作技能的训练，理论教学与技能训练相结合，教学与施工生产相结合。

培训内容与要求

1. 建筑制图的基本知识和看懂较复杂的施工图

培训内容

(1) 什么是较复杂的施工图;

(2) 看图的要点和能看较复杂的施工图的方法。

培训要求

(1) 通过学习明确较复杂施工图在结构上、建筑细部上、尺寸、标高等比一般施工图要复杂些或繁琐些;

(2) 掌握如何入手看较复杂的图纸，较复杂的施工图，如建筑外形多变的，构筑物一类的施工图，通过实际看图掌握看图技巧，提高看图水平。

2. 砖石结构和抗震构造的一般知识

培训内容

(1) 墙体、基础在房屋建筑中的作用;

(2) 砌体的抗压、抗拉、抗剪知识;

(3) 砖石房屋的抗震知识和抗震构造要求。

培训要求

(1) 了解砖石砌体要承受压力、拉力、剪力等不同的受力状态，因此砌体必须具备抗压、抗拉、抗剪的能力，才能保证房屋的安全使用;

(2) 了解什么是地震，地震的震级和烈度的含义与关系，掌握砖石房屋中构造柱、圈梁等抗震构造的施工方法和保证工程质量的措施。

3. 施工测量放线的基本知识

培训内容

(1) 施工放线仪器和工具;

(2) 水准仪、经纬仪的一般知识;

(3) 房屋定位的基本知识;

(4) 砌筑工如何检查放线质量和按放线施工。

培训要求

(1) 了解经纬仪、水准仪及相应工具的使用场合;

(2) 会用水准仪进行一般标高的抄平；

(3) 了解房屋定位的几种方法和定位的步骤，能配合做些放线工作；

(4) 学会用图纸检查定位放线的准确性，检查轴线、皮数杆等，并能在检查无误后按线和皮数杆进行砌筑施工。

4. 砖石基础的砌筑与大放脚摆底

培训内容

(1) 砖基础如何摆底、放脚；

(2) 毛石基础摆底和砌筑；

(3) 砖石基础的质量标准；

(4) 应预控的质量问题；

(5) 应掌握的安全生产知识。

培训要求

(1) 掌握砖基础大放脚的铺底、收退等砌筑方法，并应能熟练指导初级工实施；

(2) 会根据图纸砌筑毛石基础，铺放第一皮毛石基础，按图砌成锥台形或台阶形毛石基础，能掌握要领；

(3) 能按质量标准检查基础砌筑质量；

(4) 了解防止基础砌筑通病的方法，做到防止上下通逢、偏中、轴线偏位等问题出现；

(5) 了解基础施工中应注意的安全要求，防止坍方、坠落、物体打击等安全事故发生。

5. 砌筑清水墙等较高难度的砌体

培训内容

(1) 砌清水墙的大角（高度 6m 以上）；

(2) 砌清水砖柱；

(3) 砌清水拱碳；

(4) 清水墙的勾缝；

(5) 各种混合异型墙、混水圆柱的砌筑；

(6) 花饰墙的砌筑；

（7）质量标准；
（8）应预控的质量问题；
（9）安全注意事项。
培训要求
（1）学会清水墙、清水墙大角、清水柱、清水拱碳的砌筑，掌握要领，了解其特点以达到砌好清水墙体的目的，并会进行清水墙勾缝，开补；
（2）会砌混水异型墙、柱和花饰墙体（如漏窗、女儿墙、栏杆等），学会用样板检查异型墙及圆柱，掌握各种花饰墙的砌筑规律，做到摆砖组砌不生疏；
（3）掌握各种砌体的质量标准，指导施工操作，保证工程质量；
（4）学会如何预控可能出现的质量通病（如清水墙的游丁走缝……）并在问题发生后能克服解决；
（5）了解安全生产要求及预防、护围等措施，创造安全操作的环境。
6. 空斗墙、空心砖墙、空心砌块的砌筑
培训内容
（1）空心墙、空心砖墙、空心砌块的构造；
（2）空斗墙、空心砖墙的砌筑；
（3）空心砌块的砌筑；
（4）应预控的质量问题；
（5）质量标准和安全要求。
培训要求
（1）掌握砌筑的方法，掌握要领，做到墙平角直；
（2）会砌空斗墙、空心砖墙，掌握组砌要求，能进行排砖，底盘角等操作；
（3）会砌筑各种小型砌块墙，懂得大型砌块墙的施工方法和操作要求及工艺顺序，遇到该类砌体施工不生疏；
（4）能用质量标准检查砌体，防止质量通病出现；

（5）了解该类砌体砌筑时的安全要求，尤其是大型砌块砌筑的安全事项，以防止出现安全事故。

7. 砖拱的砌筑

培训内容

（1）筒拱和双曲拱的构造特点；

（2）筒拱的砌筑；

（3）双曲拱的砌筑；

（4）异型砖的放样及加工；

（5）质量要求；

（6）安全要求。

培训要求

（1）会砌筒拱，了解支撑拱模的要求，砌筑的工艺顺序，交错咬合等操作要点；

（2）了解双曲拱的原理及砌筑工艺顺序，以及如何防止水平推力等，目前新建筑双曲拱较少，但遇到后要做到不生疏、会维修；

（3）会对异型砖进行加工，掌握使用工具的加工方法；

（4）掌握施工质量要求和关键，防止因施工不当造成的塌拱，能在操作中根据规范防止质量问题的出现；

（5）了解砌筑拱体时应注意的安全要点，例如何时拆模，拆模时的注意事项，防止安全事故的发生。

8. 砌筑工业炉窑

培训内容

（1）一般工业炉窑的砌筑；

（2）质量要求和质量预控；

（3）安全应注意的事项。

培训要求

（1）了解锅炉座，一般工业炉窑的砌筑方法，操作工艺顺序；

（2）了解各种炉灶施工时应注意的安全事项，防止可能出现的一些安全事故，消除不安全隐患。

9．小青瓦施工

培训内容

（1）民族形古式屋面的大致构造；

（2）铺瓦、筑脊的工艺程序；

（3）施工中的操作要点；

（4）质量标准和质量预控；

（5）安全注意事项。

培训要求

（1）了解古式民居屋面的基本构造，以更好的掌握施工程序操作要点；

（2）学会小青瓦的铺底瓦、盖瓦、筑脊等操作；

（3）了解工艺过程，工序准备和安排，结合操作实践提高技能熟练程度；

（4）掌握施工的质量要求，优劣水平，在操作中能预控、预防质量问题；

（5）掌握屋面施工中应进行的安全防护措施。

10．地面砖铺砌和乱石路面的铺筑

培训内容

（1）地面砖的类型和构造要求、材质要求；

（2）铺地面砖的工艺程序、操作要点；

（3）铺乱石路面的工艺程序和操作要点；

（4）质量标准和要求；

（5）应注意的质量问题和安全事项。

培训要求

（1）了解不同地面砖的层次和构造，和对所有砖及相应材料的要求，保证按图施工，质量合格；

（2）学会铺砌各种地面砖，掌握铺砖工艺过程和操作要领，达到质量标准；

（3）学会铺筑乱石路面，掌握操作工艺和质量要求；

(4) 能用质量标准检查所操作的工序，做到按标准和要求施工；

(5) 防止出现如空壳、沉坍等地面，路面质量问题，做到边施工边检查边预防，避免出现一些通病；

(6) 防止地面工作中可能出现的一些安全事故，做到实现预防。

11. 砌筑工程季节施工的有关知识

培训内容

(1) 冬期施工有关知识与要求；

(2) 雨期施工时的要求；

(3) 炎夏与台风季节的施工要求。

培训要求

(1) 了解砖石工程冬期施工的含义，冬期施工应注意的事项和采取什么措施；

(2) 了解雨期及炎夏、台风季节的特点及其对砖石砌筑施工的影响，从而知道采取什么措施以保证施工顺利进行。

12. 按图计算工料

培训内容

(1) 看懂施工图和会计算砌筑工工程量；

(2) 按图计算工料的实例。

培训要求

(1) 明确估工估料是中级工应会的一种技术知识，能够看懂施工图中砌筑工工程量的内容；

(2) 学会简单的砖砌体的工程量计算；

(3) 用简单的实例来进行练习，能估算出简单砌体所需的材料、人工等的大体数值。

13. 班组管理和工种关系

培训内容

(1) 班组管理的内容；

(2) 砌筑工与其他工种的关系；

（3）班组的各项管理；

（4）QC 小组活动基本知识。

培训要求

（1）了解本工种班组管理的内容和范围，以及班组管理的重要性；

（2）了解在房屋建筑施工中砌筑工如何与其他工种在工序上配合和搭接，如何进行流水施工和团结协作；

（3）了解班组管理中各类管理的具体要求，如生产作业计划管理、技术交底、质量管理、安全生产作业、机具、材料节约使用、班组经济的分配和民主管理、应完成劳动量的定额管理等，从而调动每个劳动者的积极性；

（4）了解如何开展 QC 小组活动，攻克质量难题，使操作工艺在质量上有大的提高。

三、培训时间和计划安排

培训时间及采取的方法，各地区可根据本地的实际情况采用不同的形式进行，但原则上做到扎实、实际、学以致用，基本保证下述计划表要求的课时；使学员通过培训掌握本职业的技术理论和操作技能。

计划课时分配表如下：

中级砌筑工培训课时分配表

序号	课 题 内 容	计划学时
1	建筑制图的基本知识和看懂较复杂的施工图	24
2	砖石结构和抗震构造的一般知识	8
3	施工测量放线的基本知识	8
4	砖石基础的砌筑和大放脚的摆底	4
5	砌筑清水墙等较高难度的砌体	12
6	空斗墙、空心砖墙、空心砌块的砌筑	8
7	砖拱的砌筑	4

续表

序号	课 题 内 容	计划学时
8	砌筑工业炉窑	4
9	小青瓦施工	8
10	地面砖铺砌和乱石路面的铺筑	8
11	砌筑工程季节施工的有关知识	4
12	按图计算工料	4
13	班组管理和工种关系	4
	合 计	100

四、考 核 内 容

1. 应知考试

各地区教育培训单位，可以根据教材中各部分的复习思考题，选题进行考试。形式可采用判断、填充、问答题等方式进行。

2. 应会考试

各地区培训考核单位，可以根据集中培训的较难工艺分别选择进行实地操作考试，可用干砖摆砌或石灰砂浆砌筑。考核内容可在我们建议的下述内容中选择2～3项进行。

(1) 用水准仪测定2～3个点的标高差。

(2) 砌清水墙，发清水碳并兼立一门或窗口，砌完后由自己检查确定合格率。并考核这些操作的工艺程序。

(3) 砌毛石墙角，考核操作程序，检查砌筑质量最后评定成绩。

(4) 砌一眠多斗的空斗墙，从排砖到门窗口，转角处的处理来考核操作人的水平，最后评定质量。

(5) 砌砖筒拱，考核操作人的操作工艺程序是否清楚，要点是否掌握。最后检查质量和脱模后的效果。

(6) 给一张花饰墙体的图纸，让被考核者砌出该图形的花饰墙体检查花饰布置是否均匀，表面是否平整，牢固程度，然后定出成绩。

(7) 做民用小青瓦屋面及屋脊，可以在已有基层上进行铺筑，可以干铺、干筑脊。主要考核操作者对工艺程序，操作方法、要领的掌握，完成后进行评定。

(8) 铺地面砖或筑乱石路面。可选其中一种进行考核。主要考核操作工艺程序，铺筑技术和手段，最后检查质量进行评定。

高级砌筑工培训计划与培训大纲

一、培训目的与要求

本计划大纲是根据建设部颁布的《建设行业职业技能标准》高级砌筑工的理论知识（应知）、操作技能（应会）要求，结合全国建设行业全面实行建设职业技能岗位培训与鉴定的要求，按照《职业技能岗位鉴定规范》高级砌筑工的鉴定内容编写的。

通过对高级砌筑工的培训，使高级砌筑工全面掌握本等级的技术理论知识和操作技能，掌握高级砌筑工本岗位的职业要求，全面了解施工基础知识，为参加建设职业技能岗位鉴定做好准备。其培训具体要求：看懂较复杂的施工图；掌握审核图纸和编制施工方案的知识；掌握砖混结构的基本理论知识；了解砌筑工程的新材料、新工艺、新技术的发展状况；了解古式建筑砖、瓦工艺及其操作的基本要点；具有安全生产、文明施工、产品保护的基本知识及自身安全防备能力；同时还应具有对职业道德的行为准则的遵守能力。

二、理论知识（应知）和操作技能（应会）的培训内容和要求

根据培训目的和要求，在培训过程中要严格按照本计划大纲的培训内容及课时要求进行。适应目前建筑施工生产的状况、特点，要加强实际操作技能的训练，理论教学与技能训练相结合，教学与施工生产相结合。

培训内容与要求

1. 如何看懂本职业复杂施工图和审核图纸

培训内容

(1) 什么是复杂的施工图;

(2) 如何看懂复杂施工图;

(3) 如何审核施工图。

培训要求

(1) 通过学习了解什么是复杂施工图，复杂的方面有哪些;

(2) 知道从何入手来看复杂施工图;

(3) 知道审核施工图如何入手，明确审图的必要性;

(4) 通过具体图例的看图掌握看复杂施工图的方法、步骤，并学会如何审核施工图。

2. 了解本职业的新材料、新工艺、新技术的发展情况

培训内容

(1) 墙体改革的目的、途径和方向;

(2) 目前国内外砖石工程方面的新材料、新工艺和新技术;

(3) 屋面建筑的新工艺、新材料。

培训要求

(1) 通过培训明确秦砖汉瓦式的建筑除了必要的古建筑及维修，已不适合现代要求，且为节约土地，砖、瓦的生产应受到限制，墙体应向利用三废、节能的方向发展;

(2) 通过培训了解目前在国内外本职业中的新材料、新工艺、新技术的状况，以扩大知识面，在引进推广中起积极作用;

(3) 了解屋面粘土瓦已较少应用，知道如何用其他材料如大张钢丝网水泥瓦来代替，以节约土地提高工效。

3. 古建筑的构造

培训内容

(1) 古建筑构造的一般知识;

(2) 古建筑的平面布局及造型;

(3) 古建筑中瓦作部分的具体构造。

培训要求

（1）通过培训了解中国古建筑的结构形式，以及它们的构成部分；

（2）了解古建筑平面、立面等建筑术语，以及它们布局对称的特点；

（3）通过学习把古建筑中瓦作部分的构造，如磉墩、拦土、台基、墙、坎、屋面、脊等了解清楚，作为高级工应知的深化。

4．古建筑中的砌筑工艺

培训内容

（1）古建筑中的砖、瓦等材料；

（2）古建筑砖瓦工需用的工具；

（3）古建筑砖材加工工艺；

（4）古建筑墙体的组砌方法；

（5）台基的砌筑；

（6）墙身的砌筑；

（7）瓦屋面的铺筑；

（8）砖细工艺；

（9）方砖墁地工艺。

培训要求

（1）了解古建筑所用砖瓦材料的规格、形式和使用的场合，以及各种灰浆的名称、配合比及使用场合；

（2）了解砌筑工进行古建筑操作应备的各种工具的形状、名称；

（3）了解古建筑墙体的组砌和砖均需进行事先加工，才能进行砌筑或做砖细等工艺；

（4）掌握台基、干摆砖（磨砖对缝）、丝缝砖、淌白砖等的砌筑方法、要点、质量要求，并能进行操作；

（5）掌握古建筑琉璃瓦的操作工艺，并能按图实施作业；

（6）了解砖细、砖雕、墁方砖的操作工艺，能够初步掌握实施。

5．砌筑工质量事故和安全事故的预防和处理

培训内容

（1）质量事故的种类；

（2）常见质量通病的防治和质量事故的处理；

（3）安全事故的预防和工伤事故的处理。

培训要求

（1）了解质量事故类别的划分，砖石工程中有哪些质量事故；

（2）懂得如何防止质量通病的发生，并能对出现的质量事故进行分析处理；

（3）懂得如何预防安全事故，并会在一旦出了安全事故后，保护现场、分析原因、进行处理。

6.能够向初、中级工示范操作，传授技能，解决本职业操作技术上的难题

培训内容

（1）高级工传授技能的责任；

（2）主要做哪些示范操作和技能传授；

（3）什么是本职业操作中的疑难问题；

（4）如何解决操作中的疑难问题。

培训要求

（1）通过培训明确高级工应有传、帮、带的责任，带徒学艺培养初、中级工是高级工的崇高职责；

（2）明确应做哪些示范作业和传授什么技能，并做到能使初、中级工领会掌握；

（3）了解操作中的疑难问题是相对的，并了解哪些疑难问题是砌筑工要遇到的；

（4）通过学习能够掌握解决疑难问题的方法。

7.编制本职业施工方案和组织施工

培训内容

（1）为什么要编制施工方案；

（2）砖混结构的施工程序；

(3) 编制施工方案的内容和方法；

(4) 流水作业的知识；

(5) 施工方案的编写和组织施工实施。

培训要求

(1) 懂得施工方案的作用、重要性和意义；

(2) 了解一幢砖混结构的施工程序，如何合理施工，保证质量和进度；

(3) 明确流水作业合理搭接是减少窝工，达到合理施工，加快进度的方法；

(4) 会初步编写施工方案，选用好的施工方法，组织本职业人员好、快、省、安全的施工。

三、培训时间和计划安排

培训时间及采取的方法，各地区可根据本地的实际情况采用不同的形式进行，但原则上做到扎实、实际、学以致用，基本保证下述计划表要求的课时；使学员通过培训掌握本职业的技术理论和操作技能。

计划课时分配表如下：

高级砖瓦工培训课时分配表

序号	课 题 内 容	计划学时
1	看复杂施工图和图纸的审核	8
2	本职业的新材料、新工艺、新技术发展情况	4
3	古建筑的构造	8
4	古建筑中的砖瓦工工艺	24
5	砌筑工质量事故和安全事故的预防和处理	8
6	向初、中级工示范作业传授技能解决疑难问题	8
7	编制本职业施工方案和组织施工	12
	合 计	72

四、考核内容

1. 应知考试

各地教育培训单位，可以根据教材中各部分的复习思考题，选择出题进行考试。重点是看审图纸，可以绘一张较复杂平面图。其中有缺项，让被考核者找出问题，其次是砖混结构理论和古建构造。

2. 应会考试

应会考试重点是古建筑施工工艺，高难度砖瓦工艺和编写施工方案。可在以下题中选 1～2 项进行考核。

（1）弧形墙砌筑。把图纸交给被考核人，要求按图中某段在现场（考场地）进行放线准备后进行砌筑，在砌筑中检查操作人的工艺程序，最后评定质量。

（2）砌清水圆柱。给出圆柱直径和场地，让被考核人准备，砌 1m 高（用石灰砂浆）柱体，检查工艺程序、排砖、内外咬合、游丁走缝等后评定质量。

（3）砌古建筑干摆砖墙带转角。砖已加工好，但要被考核者讲出加工方法。然后让其准备，再观察其操作，最后检查评定质量。

（4）铺筑琉璃瓦屋面。有该类工程最好，若无此类工程可以做一部分包括筑脊。先让被考核者准备，然后进入作业，检查铺筑工艺程序，最后评定质量。

（5）做砖细墙裙或门膀垛。砖已加工好，但安装的木勺槽要自己开凿。可安装高 1m 长 1m 的墙裙，或一个门膀垛。观察被考核者的排砖、安装、找平等作业，最后评定质量。

（6）铺方砖地面。地面灰土已平整夯实，向被考核者提出铺筑花式，铺筑要求，后让其准备，再检查其铺筑工艺和评定质量。

（7）给出质量事故实例，让被考核者提出解决办法，可采用答辩形式进行。

(8) 给一份砖混结构施工图，要求编写一份简要的施工方案(可省去工程概况等其他部分)，重点写施工方法、质量要求和安全措施，最后评定成绩。

初级抹灰工培训计划与培训大纲

一、培训目的与要求

本计划大纲是根据建设部颁布的《建设行业职业技能标准》初级抹灰工的理论知识（应知）、操作技能（应会）要求，结合全国建设行业全面实行建设职业技能岗位培训与鉴定的要求，按照《职业技能岗位鉴定规范》初级抹灰工的鉴定内容编写的。

通过对初级抹灰工的培训，应掌握一般抹灰基本操作技能，了解一般抹灰所用建筑材料的性能和应用部位，初步会看简单建筑施工图中的平面图、立面图、剖面图和大样图。了解房屋构造的基本知识。通过一定时间训练，会进行室内、外墙面、地面、顶棚的抹灰，并应掌握一般抹灰工程的质量标准和检测工具使用及正确的检测方法，具备安全生产、文明施工和成品保护基本知识及自身安全防备能力和对职业道德行为准则的遵守能力。

二、理论知识（应知）和操作技能（应会）的培训内容和要求

根据培训目的和要求，适应目前建筑施工生产的状况，要加强实际操作技能的训练，使理论教学与技能训练相结合，教学与施工生产相结合。

培训内容与要求

1. 建筑识图和房屋构造的基本知识

培训内容

（1）建筑识图的基本知识；

(2) 民用建筑构造的基本知识；

(3) 看建筑施工图的方法和步骤；

(4) 建筑平面、立面、剖面图和外墙详图的内容和识图。

培训要求

(1) 了解建筑识图基本知识和民用建筑构造的基本知识；

(2) 懂得看建筑施工图的方法和步骤；

(3) 能看懂民用建筑平面、立面、剖面图和外墙详图。

2. 常见的抹灰材料的内容和要求

培训内容

(1) 水泥、石灰膏、石膏的种类、规格、性能及质量要求和保管；

(2) 砂子、石渣、石英砂、石英粉、滑石粉、白云石粉的规格与质量要求；

(3) 麻刀、纸筋、稻草的作用和使用要求；

(4) 颜料的种类和性能；

(5) 有机聚合物和有机硅防水剂的种类、性能和用途。

培训要求

了解各种抹灰材料的种类、规格、性能并熟悉质量要求和使用保管方法等。

3. 抹灰工常用的工具、机具

培训内容

(1) 常用的手工工具；

(2) 常用的小型机具。

培训要求

(1) 掌握常用的手工工具的使用和保管方法；

(2) 了解常用抹灰小型机具的技术性能，并掌握小型机具的安全使用方法和保养方法。

4. 抹灰在建筑工程中的重要性及一般要求

培训内容

(1) 抹灰工在建筑工程中的重要性；

（2）墙面抹灰的一般要求；
（3）地面抹灰的一般要求；
（4）顶棚抹灰的一般要求；
（5）抹灰的一般做法及要求。

培训要求

（1）了解抹灰在建筑工程中的重要性及与相关工种施工相互配合关系；
（2）熟悉一般抹灰中地面、墙面、顶棚的施工要求。

5. 内墙面抹白灰砂浆的操作方法和要求

培训内容

（1）内墙面抹白灰砂浆的操作工艺顺序；
（2）内墙面抹白灰砂浆的操作工艺要点；
（3）内墙面抹白灰砂浆的质量标准；
（4）内墙面抹白灰砂浆的质量问题与防治措施；
（5）内墙抹灰的安全事项。

培训要求

（1）了解内墙面抹白灰砂浆操作工艺顺序；
（2）掌握墙面抹白灰砂浆的操作要点，并熟练抹白灰砂浆的操作动作要领；
（3）熟悉抹白灰砂浆的质量检验标准和检验方法，防止和解决出现的质量问题。

6. 外墙面抹水泥砂浆的操作方法与要求

培训内容

（1）抹水泥砂浆的操作工艺顺序；
（2）混凝土外墙板抹水泥砂浆的操作工艺要点和要求；
（3）砖墙面抹水泥砂浆的操作工艺要点和要求；
（4）外墙面抹水泥砂浆质量检验标准和检验方法；
（5）应注意的质量问题与解决的方法；
（6）应注意的安全事项。

培训要求

(1) 了解外墙面抹水泥砂浆的操作工艺顺序；

(2) 掌握在混凝土、砌块墙、砖墙面上抹水泥砂浆的操作要点和要求；

(3) 熟悉外墙面抹水泥砂浆的质量检验标准和检验方法，防止和解决出现的质量问题。

7. 顶棚抹灰及灰线安装操作和要求

培训内容

(1) 混凝土顶棚抹水泥砂浆、混合砂浆、白灰砂浆的操作工艺顺序；

(2) 混凝土顶棚抹水泥砂浆、混合砂浆的操作工艺要点和要求；

(3) 混凝土顶棚抹白灰砂浆的操作工艺要点和要求；

(4) 顶棚抹灰的质量检验标准和检验方法；

(5) 顶棚抹灰应注意的质量问题与解决的方法；

(6) 顶棚灰线安装操作顺序和要求；

(7) 灰线的适用部位、形式、用料和工具；

(8) 灰线安装操作要点和要求；

(9) 顶棚抹灰及灰线安装安全事项。

培训要求

(1) 了解顶棚抹灰的操作工艺顺序；

(2) 掌握顶棚抹灰的操作要点和要求；

(3) 了解灰线安装的所用材料和工具的要求；

(4) 掌握灰线安装操作要点和安装要求；

(5) 熟悉顶棚抹灰及灰线安装质量标准和检验方法，防止和解决出现的质量问题。

8. 楼、地面抹灰的操作方法和要求

培训内容

(1) 细石混凝土地面的操作工艺顺序、操作要点和要求；

(2) 抹水泥砂浆地面的操作工艺顺序、操作要点和要求；

(3) 楼、地面抹灰质量标准和检验方法；

(4) 楼、地面抹灰应注意的质量问题和解决的方法。

培训要求

(1) 了解细石混凝土地面和水泥砂浆地面的操作工艺顺序;

(2) 掌握细石混凝土地面和水泥砂浆地面操作要点和要求;

(3) 熟悉楼、地面抹灰的操作质量标准和检验方法，并能预防容易出现的问题。

9. 细部抹灰的操作方法和要求

培训内容

(1) 窗台抹灰的操作工艺要点和要求;

(2) 门窗套抹灰操作工艺要点和要求;

(3) 腰线、檐口、雨檐抹灰操作工艺要点和要求;

(4) 梁、柱抹灰操作工艺要点和要求;

(5) 阳台抹灰操作工艺要点和要求;

(6) 楼梯抹灰操作工艺要点和要求;

(7) 坡道、台阶抹灰的操作工艺要点和要求。

培训要求

(1) 了解细部抹灰及楼梯抹灰操作工艺顺序;

(2) 掌握细部及楼梯等抹灰操作工艺要点和质量标准及要求。

10. 抹灰工程冬期施工措施和要求

培训内容

(1) 抹灰工程冬期施工一般要求;

(2) 暖法抹灰施工;

(3) 冷作抹灰施工。

培训要求

(1) 了解抹灰工程冬期施工的一般要求;

(2) 掌握暖作法抹灰的要求和方法;

(3) 了解冷作抹灰操作施工的要求。

11. 建筑施工安全知识

培训内容

(1) 建筑施工现场的安全要求;
(2) 高处作业的安全要求;
(3) 抹灰工现场操作安全知识;
(4) 抹灰工安全技术措施。
培训要求
(1) 了解施工现场的安全知识和要求
(2) 掌握抹灰工的安全技术措施。

三、培训时间和计划安排

培训时间及采取的方法,各地区可根据本地的实际情况采用不同的形式进行,但原则应保证完成计划要求的课时后,使学员掌握本职业的技术知识和操作技能。

计划课时分配表如下:

初级抹灰工培训课时分配表

序号	课 题 内 容	计划学时
1	建筑识图和房屋构造的基本知识	20
2	常用的抹灰材料的内容和要求	10
3	抹灰工常用的工具、机具	4
4	抹灰在建筑工程中的重要性及一般要求	6
5	内墙面抹白灰砂浆的操作方法和要求	14
6	外墙面抹水泥砂浆的操作方法和要求	14
7	顶棚抹灰及灰线安装操作和要求	10
8	楼、地面抹灰的操作方法和要求	10
9	细部抹灰的操作方法和要求	20
10	抹灰工程冬期施工措施和要求	6
11	建筑施工安全知识	6
	合计	120

四、考 核 内 容

1. 应知考试

各地区教育培训单位，可以根据培训教材中各部分的复习思考题，选择出题进行考试。可采用判断题、选择题、填空题及简答题四种形式。

2. 应会考试

各地区培训考核单位，可以根据地区的情况和实施的工程特点，在以下考试内容中选择 3～5 项进行考核。

(1) 内墙面抹白灰砂浆的操作方法和要求。

(2) 外墙面抹水泥砂浆的操作方法和要求。

(3) 顶棚抹灰及灰线安装操作和要求。

(4) 楼、地面抹灰的操作方法和要求。

(5) 细部抹灰的操作方法和要求。

(6) 建筑施工安全知识。

中级抹灰工培训计划与培训大纲

一、培训目的与要求

本计划大纲是根据建设部颁布的《建设行业职业技能标准》中级抹灰工的理论知识（应知）、操作技能（应会）要求，结合全国建设行业全面实行建设职业技能岗位培训与鉴定的要求，按照《职业技能岗位鉴定规范》中级抹灰工的鉴定内容编写的。

通过对中级抹灰工的培训，使中级抹灰工掌握建筑识图，识读建筑施工图以及建筑学的知识。在操作技能上掌握装饰砂浆拌制要求，以及装饰抹灰、内外墙喷涂、弹涂、滚涂技术；镶贴面砖及板材于地面和楼梯以及内外墙面上。并掌握装饰抹灰、镶贴面砖及板材的质量标准和检测方法，并应具备安全生产的自身防备能力和进行文明生产施工和成品保护工作具备对职业道德行为准则的遵守能力。为升入高级抹灰工打下基础。

二、理论知识（应知）和操作技能（应会）的培训内容和要求

根据培训目的和要求，在培训过程中要严格按照本计划大纲的培训内容及课时要求进行，适应目前建筑施工生产的状况，要加强实际操作技能的训练，理论教学与技能训练相结合，教学与施工生产相结合。

培训内容与要求

1．看建筑施工图的方法

培训内容

(1) 建筑工程施工图的种类；
(2) 看建筑施工图的方法与步骤；
(3) 看基础施工图的方法；
(4) 看民用建筑主体结构施工图的方法；
(5) 建筑施工图和结构施工图的综合看图的方法；
(6) 看图与审核图纸的要点。
培训要求
(1) 了解建筑工程施工图的种类；
(2) 了解民用建筑结构施工图的主要内容，以及民用建筑施工图和结构施工图的综合看图的方法；
(3) 掌握看懂民用建筑与结构以及基础施工图。
2. 建筑学的基本知识
培训内容
(1) 建筑学的主要任务；
(2) 建筑物的分类；
(3) 建筑物的等级；
(4) 房屋构造受外界因素的影响。
培训要求
(1) 了解建筑学的主要任务，建筑物分类及等级；
(2) 熟悉建筑构造基本内容以及房屋构造受哪些外界因素的影响。
3. 装饰抹灰材料及饰面板种类、性能及规格
培训内容
(1) 装饰水泥的性能；
(2) 颜料的种类和掺量；
(3) 石膏的特性和调制；
(4) 饰面板、陶瓷制品等的品种、规格和技术性能。
培训要求
(1) 了解装饰水泥、石膏的性能及要求和颜料的种类和掺量；
(2) 掌握饰面板、陶瓷制品等的品种、规格和技术性能。

4．水刷石、斩假石等操作工艺和要求

培训内容

（1）水刷石操作工艺顺序；

（2）外墙面做水刷石的操作要点和要求；

（3）水刷石的质量标准及检验方法；

（4）斩假石操作工艺顺序；

（5）斩假石操作工艺要点和要求；

（6）斩假石的质量标准及检验方法。

培训要求

（1）熟悉在不同基面上做水刷石、斩假石的操作工艺顺序，掌握其操作要点和要求；

（2）了解水刷石、斩假石的质量标准及检验方法并能制定技术措施防止出现质量问题。

5．水刷石、干粘石、假面砖、斩假石抹灰工艺顺序和操作要点。

培训内容

（1）水刷石抹灰工艺顺序和操作要点；

（2）干粘石抹灰工艺顺序和操作要点；

（3）假面砖抹灰工艺顺序和操作要点；

（4）斩假石抹灰工艺顺序和操作要点；

（5）质量标准与通病防治措施。

培训要求

（1）了解水刷石、干粘石、假面砖、斩假石工艺顺序；

（2）掌握以上工艺操作要点和质量标准并掌握通病防治措施。

6．特种砂浆抹灰的操作工艺和要求

培训内容

（1）抹防水砂浆工艺顺序和操作要点；

（2）抹耐酸胶泥和耐酸砂浆工艺顺序和操作要点；

（3）抹耐热和保温砂浆工艺顺序和操作要点。

培训要求

(1）了解特种砂浆的材料性能和要求；

(2）了解特种砂浆的质量通病和解决质量问题的方法；

(3）掌握抹各种特种砂浆的操作工艺要点。

7.聚合物水泥砂浆、石粒浆的弹、喷、滚涂的操作工艺和要求

培训内容

(1）机械喷涂、机喷石操作工艺要求；

(2）聚合物水泥砂浆、石粒浆的弹涂、喷涂、滚涂操作工艺和要求。

培训要求

(1）了解机械喷涂、机喷石的工艺顺序和要求；

(2）掌握聚合物水泥砂浆操作工艺和质量要求。

8.内外墙板材饰面粘贴操作工艺和要求

培训内容

(1）釉面砖粘贴；

(2）外墙面砖粘贴；

(3）大理石等面板粘贴；

(4）粘贴面砖的质量标准和要求。

培训要求

(1）了解板材饰面粘贴操作工艺顺序和质量标准要求；

(2）掌握板材面砖饰面粘贴操作工艺要点；

(3）掌握预防板材、面砖饰面粘贴出现质量问题的措施和应注意的安全事项。

9.装饰抹灰质量标准及检测

培训内容

(1）一般抹灰的质量标准；

(2）装饰抹灰的质量标准；

(3）检查工具的使用及检查方法。

培训要求

(1）了解各类抹灰的质量标准和允许偏差；

(2) 掌握检查工具的使用要求和质量检查的方法。

三、培训时间和计划安排

培训时间及采取的方法，各地区可根据本地的实际情况采用不同的形式进行，但原则上做到扎实、实际、学以致用，基本保证下述计划表要求的课时；使学员通过培训掌握本职业的技术理论和操作技能。

计划课时分配表如下：

中级抹灰工培训课时分配表

序号	课 题 内 容	计划学时
1	看建筑施工图的方法	10
2	建筑学的基本知识	8
3	装饰抹灰材料及饰面板种类、性能及规格	8
4	水刷石、斩假石等操作工艺和要求	18
5	干粘石、假面砖等操作工艺和要求	12
6	特种砂浆抹灰的操作工艺和要求	14
7	聚合物水泥砂浆的操作工艺和要求	12
8	内外墙板材饰面粘贴操作工艺和要求	14
9	装饰抹灰质量标准及检测	4
	合 计	100

四、考 核 内 容

1. 应知考试

各地区教育培训单位，可以根据教材中各部分的复习思考题，选择出题进行考试。可采用判断题、选择题、填空题及简答题四种形式。

2. 应会考试

各地区培训考核单位，可以根据各地区的情况和实施的工程特点，在以下考试内容中选择2～3项进行考核。

（1）水刷石、斩假石等操作工艺和要求。

（2）干粘石、假面砖等操作工艺和要求。

（3）特种砂浆抹灰的操作工艺和要求。

（4）聚合物水泥砂浆的操作工艺和要求。

（5）内外墙板材饰面粘贴操作工艺和要求。

（6）装饰抹灰质量标准及检测。

高级抹灰工培训计划与培训大纲

一、培训目的与要求

本计划大纲是根据建设部颁布的《建设行业职业技能标准》高级抹灰工的理论知识（应知）、操作技能（应会）要求，结合全国建设行业全面实行建设职业技能岗位培训与鉴定的要求，按照《职业技能岗位鉴定规范》高级抹灰工的鉴定内容编写的。

通过对高级抹灰工的培训，使高级抹灰工看懂本职业中复杂的施工图和审核施工图纸。懂得房屋装饰构造和装饰抹灰工程的基本理论知识，了解本职业装饰材料的性能、应用范围和使用要求。能指导初、中级抹灰工进行操作，防止和处理本职业中出现的质量问题和要点问题。在应会的技能方面应达到装饰抹灰和各种复杂工艺的操作要求，并具有新工艺、新技术的本领并推广应用和向初、中级工做示范操作，传授技能，解决本职业技术技能上的难题和具有编制本职业（装饰抹灰工程）施工方案和组织施工的能力。

二、理论知识（应知）和操作技能（应会）的培训内容和要求

根据培训目的和要求，在培训过程中要严格按照本计划大纲的培训内容及课时要求进行，适应目前建筑施工生产的状况，要加强实际操作技能的训练，理论教学与技能训练相结合，教学与施工生产相结合。

培训内容与要求

1. 看懂建筑施工图和审核施工图基本知识

培训内容

(1) 民用与工业建筑和结构施工图综合识读；

(2) 审核施工图的要点和步骤。

培训要求

(1) 了解建筑结构施工图的主要内容，掌握建筑施工图和结构施工图综合看图的方法。

(2) 能看懂民用和工业厂房主体结构施工图，以及基础施工图。

2. 房屋装饰构造和装饰材料性能与使用

培训内容

(1) 房屋装饰构造组成和作用；

(2) 装饰材料性能与使用要求。

培训要求

(1) 了解和掌握房屋装饰构造的组成和作用，以及装饰抹灰的组成和作用；

(2) 了解装饰水泥和颜料的种类，色彩要求和掺量要求。

3. 饰面板材安装新工艺操作顺序和要求

培训内容

(1) 大理石墙面干法施工操作工艺要点和要求；

(2) 磨光花岗岩、预制水磨石饰面和薄板湿法施工新工艺操作要点和要求。

培训要求

(1) 了解大理石、磨光花岗岩、预制水磨石饰面板等所用材料质量要求；

(2) 掌握大理石墙面干法施工、花岗岩复合板干法及花岗岩薄板湿法新工艺操作要点和要求；

(3) 了解大理石预制水磨石板、花岗石板材安装的质量标准及应注意的质量问题和解决的方法。

4. 水磨石、陶瓷绵砖、釉面砖地面及楼梯的操作工艺和要

求

培训内容

(1) 普通、美术水磨石地面及楼梯的工艺顺序，操作要点和要求；

(2) 陶瓷绵砖、玻璃绵砖镶贴的工艺顺序、操作要点和要求；

(3) 釉面瓷砖地面及墙面的工艺顺序、操作要点和要求。

培训要求

(1) 了解陶瓷绵砖、玻璃绵砖、釉面瓷砖等材料的品种、规格、性能和质量要求；

(2) 熟悉镶贴陶瓷绵砖、玻璃绵砖、釉面瓷砖的质量标准和解决质量问题的方法；

(3) 掌握陶瓷绵砖、玻璃绵砖、釉面瓷砖操作要点和要求。

5. 花饰与装饰线角的安装操作工艺和要求

培训内容

(1) 花饰、装饰线角的一般知识；

(2) 花饰的安装工艺、操作要点和要求；

(3) 室外装饰线角安装工艺、操作要点和要求；

(4) 室内装饰线角的安装工艺、操作要点和要求。

培训要求

(1) 了解花饰、装饰线角的一般知识；

(2) 掌握花饰、装饰线角安装操作要点和要求；

(3) 熟悉花饰、装饰线角的质量标准与解决质量问题的方法。

6. 古建筑装饰的一般知识

培训内容

(1) 古建筑装饰的一般知识；

(2) 古建筑装饰施工操作要点和要求；

(3) 古建筑抹灰修缮。

培训要求

(1) 了解古建筑装饰分类；

（2）掌握古建筑装饰施工要点和抹灰修缮要求。

7.抹灰装饰工程的工料计算与施工方案的基本知识

培训内容

（1）抹灰装饰工程量计算规则和方法；

（2）抹灰装饰工程工料分析和砂浆配合比计算与使用。

培训要求

（1）了解抹灰装饰工程工料计算的重要性和需掌握知识及规定；

（2）掌握抹灰装饰工程量计算方法，能进行工料分析和班组生产核算。

8.安全生产、文明施工管理工作要求

培训内容

（1）抹灰施工生产的组织与管理；

（2）抹灰施工生产的安全要求与施工现场要点要求。

培训要求

（1）了解施工生产管理和组织的基本知识及班组管理知识；

（2）掌握施工生产的安全技术并组织熟悉施工现场要点要求。

9.建筑职工职业道德

培训内容

（1）道德、职业道德；

（2）社会主义职业道德；

（3）建筑工人职业道德。

培训要求

（1）了解什么是社会主义职业道德；

（2）遵守建筑工人职业道德。

三、培训时间和计划安排

培训时间及采取的方法，各地区可根据本地的实际情况采用不同的形式进行，但原则上做到扎实、实际、学以致用，基本保证下述计划表要求的课时；使学员通过培训掌握本职业的技术理论和操作技能。

计划课时分配表如下：

高级抹灰工培训课时分配表

序号	课题内容	计划学时
1	看懂建筑施工图和审核施工图基本知识	8
2	房屋装饰构造和装饰材料性能与使用	10
3	饰面板材安装新工艺操作顺序和要求	10
4	陶瓷绵砖、釉面砖地面及楼梯的操作工艺和要求	20
5	花饰与装饰线角的安装操作工艺和要求	8
6	古建筑装饰的一般知识	8
7	抹灰装饰工程的工料计算与施工方案的基本知识和建筑职工职业道德	10
8	安全生产、文明施工管理工作要点	6
	合　计	80

四、考核内容

1. 应知考试

各地区教育培训单位，可以根据教材中各部分的复习思考题，选择出题进行考试。可采用判断题、选择题、填空题及简答题四种形式。

2. 应会考试

各地区培训考核单位，可以根据各地区的情况和实施的工程特点，在以下考试内容中选择1～2项进行考核。

（1）饰面板材安装新工艺操作顺序和要求。

（2）陶瓷绵砖、釉面砖地面及楼梯的操作工艺和要求。

（3）花饰与装饰线角的安装操作工艺和要求。

（4）古建筑装饰的一般知识。

（5）抹灰装饰工程的工料计算与施工方案的基本知识。

初级混凝土工培训计划与培训大纲

一、培训目的与要求

本计划大纲是根据建设部颁布的《建设行业职业技能标准》初级混凝土工的理论知识（应知）、操作技能（应会）要求，结合全国建设行业全面实行建设职业技能岗位培训与鉴定的要求，按照《职业技能岗位鉴定规范》混凝土工的初级工鉴定内容编写的。

通过对初级混凝土工的培训，使初级混凝土工全面掌握本等级的技术理论知识和操作技能，掌握初级混凝土工本岗位的职业要求，全面了解混凝土施工基础知识，为参加建设职业技能岗位鉴定做好准备，同时为升入中级混凝土工打下基础。其培训具体要求：初步会看分部分项施工图，懂得房屋构造的基本知识；会用机具，掌握搅拌、浇筑、振捣混凝土的基本操作技能；了解混凝土组成材料的种类、规格、质量、用途和保管方法，了解混凝土性能；通过实作训练，掌握浇捣一般基础、梁、柱、墙体、板和楼梯混凝土，会搅拌、浇筑、振捣普通混凝土和轻质混凝土及泡沫混凝土；掌握各种结构的混凝土施工缝处理方法和混凝土不同季节的养护方法。懂得混凝土工程的质量评定标准，具备安全生产、文明施工、产品保护的基本知识及自身安全防备能力；应具有对职业道德行为准则的遵守能力。

二、理论知识（应知）和操作技能（应会）的培训内容和要求

根据培训目的和要求，在培训过程中要严格按照本计划大纲

的培训内容及课时要求进行，教学要适应目前建筑施工生产的状况，初级工要加强实际操作技能的训练，理论教学与技能训练相结合，教学与施工生产相结合，在教学中，各教学单位要根据实际情况，安排学员，在指导教师指导下参加实作训练后，再参加有中级工或高级工辅导下的实际工程施工操作。经理论知识和操作技能考核合格后方可持证上岗。

培训内容与要求

1. 建筑识图和房屋构造的基本知识

培训内容

(1) 建筑识图中常见的名称、图例与代号；

(2) 建筑识图基本方法；

(3) 房屋的组成与构造。

培训要求

(1) 掌握建筑识图中常见的名称、图例与代号；

(2) 掌握识图的基本方法，能看懂混凝土分部分项施工图；

(3) 了解房屋的组成与构造和它的作用。

2. 力学与混凝土结构的基本知识

培训内容

(1) 力与荷载的概念；

(2) 钢筋和混凝土共同工作原理；

(3) 房屋的受力特点：

①多层混合构造与受力特点；

②多层板架构造与受力特点；

③单层工业厂房构造与受力特点；

(4) 钢筋保护层厚度；

(5) 混凝土结构体系及施工方法简介。

培训要求

(1) 了解多层砖混结构和多层板架结构的建筑受力特点；

(2) 了解单层工业厂房受力特点；

(3) 掌握钢筋在混凝土构件中的作用；

(4) 掌握钢筋保护层厚度的规定；

(5) 了解混凝土结构体系及施工方法简介。

3. 混凝土的组成材料

培训内容

(1) 五大类水泥的规格、质量、性质、用途和保管方法；

(2) 细骨料的种类、规格和质量要求；

(3) 粗骨料的种类、规格和质量要求；

(4) 水的质量要求；

(5) 外加剂的种类和选用。

培训要求

(1) 了解水泥的种类、规格、质量、性质、用途和保管方法；

(2) 了解细骨料的种类、规格和质量要求；

(3) 了解粗骨料的种类、规格和质量要求；

(4) 了解拌合用水的质量要求；

(5) 了解外加剂的种类和使用范围。

4. 混凝土的基本知识

培训内容

(1) 混凝土的组成与分类；

(2) 混凝土的主要技术性质；

(3) 混凝土质量控制；

(4) 混凝土试块的留制方法；

(5) 混凝土的各种养护方法。

培训要求

(1) 了解混凝土的组成与分类；

(2) 了解混凝土的主要技术性质；

(3) 了解混凝土的质量控制标准；

(4) 掌握混凝土试块的留制方法；

(5) 掌握混凝土的自然养护方法。

5. 混凝土常用施工机具

培训内容

(1) 混凝土搅拌机;

(2) 混凝土搅拌楼;

(3) 混凝土搅拌站;

(4) 混凝土输送车;

(5) 混凝土泵;

(6) 混凝土泵车;

(7) 混凝土布料杆;

(8) 混凝土真空吸水装置;

(9) 混凝土振动器;

(10) 混凝土制品机械;

(11) 混凝土运输机具。

培训要求

(1) 了解混凝土搅拌机的性能、规格;

(2) 了解混凝土搅拌楼的使用要求;

(3) 了解混凝土搅拌站的工艺流程;

(4) 了解混凝土输送车的性能和要求;

(5) 掌握混凝土泵的使用要求;

(6) 掌握混凝土泵车的操作要点;

(7) 了解混凝土布料杆的布置要求;

(8) 了解混凝土真空吸水装置的规格;

(9) 了解混凝土振动器的性能和使用;

(10) 掌握混凝土运输机具的使用。

6. 普通混凝土配合比设计

培训内容

(1) 配合比设计的三个参数;

(2) 三个参数的选取;

(3) 配合比设计的方法与步骤;

(4) 混凝土配合比的试配、调整与确定;

(5) 混凝土施工配合比调整及配料计算。

培训要求

（1）了解混凝土配合比设计中三个参数；

（2）了解混凝土配合比的设计步骤；

（3）了解混凝土的质量控制方法。

7. 混凝土搅拌站与商品混凝土

培训内容

（1）混凝土搅拌站的工艺流程知识；

（2）简易搅拌站；

（3）双阶搅拌站；

（4）单阶搅拌站；

（5）商品混凝土；

（6）搅拌新工艺——多次投料搅拌法。

培训要求

（1）了解混凝土搅拌站的工艺流程知识；

（2）了解简易搅拌站、双阶搅拌站、单阶搅拌站的工艺布置要求；

（3）了解商品混凝土的性质；

（4）了解搅拌新工艺的操作方法和要求。

8. 泵送混凝土施工

培训内容

（1）施工准备；

（2）施工方法及其操作；

（3）应有的质量措施。

培训要求

（1）掌握施工准备工作的内容与要求；

（2）掌握施工方法及其操作要点；

（3）掌握防止质量问题的措施。

9. 混凝土工程的施工过程

培训内容

（1）混凝土浇筑前的准备；

(2) 混凝土搅拌；
(3) 混凝土运输；
(4) 混凝土浇筑；
(5) 混凝土养护；
(6) 混凝土模板的拆除；
(7) 混凝土缺陷修整；
(8) 施工缝处理。
培训要求
(1) 掌握混凝土浇筑前的准备工作；
(2) 掌握混凝土拌制要求和方法；
(3) 掌握混凝土运输要求；
(4) 掌握混凝土浇筑方法和要求；
(5) 掌握混凝土养护方法；
(6) 掌握拆除模板的规定和方法；
(7) 掌握修整混凝土一般表面缺陷；
(8) 掌握施工缝处理的要求和方法。
10. 混凝土基础的浇筑
培训内容
(1) 地基土的分类；
(2) 地基土的鉴别；
(3) 基坑（槽）直壁开挖和放坡开挖的规定；
(4) 操作顺序和操作要点；
(5) 基坑（槽）土方开挖注意事项；
(6) 基础垫层的施工；
(7) 混凝土基础的浇筑。
培训要求
(1) 了解土的分类和鉴别方法；
(2) 掌握基槽土方开挖的操作步骤和方法；
(3) 掌握防止基槽土方开挖中出现的质量和安全问题；
(4) 了解土方工程的质量检查标准；

(5) 掌握灰土垫层、三合土垫层、混凝土垫层的施工；

(6) 掌握混凝土独立基础、混凝土杯形基础、混凝土条形基础的浇筑。

11. 混凝土现浇结构的浇筑

培训内容

(1) 混凝土浇筑前的准备工作；

(2) 混凝土柱的浇筑；

(3) 混凝土墙体的浇筑；

(4) 混凝土肋形楼盖的浇筑；

(5) 其他现浇构件的浇筑；

(6) 钢筋混凝土框架结构施工。

培训要求

(1) 掌握混凝土浇筑前的准备工作的内容；

(2) 掌握混凝土柱的浇筑工艺和施工方法；

(3) 掌握混凝土墙体的浇筑工艺和施工方法；

(4) 混凝土肋形楼盖的浇筑工艺和施工方法；

(5) 掌握楼梯的浇筑、一般悬挑构件的浇筑和圈梁浇筑的施工方法；

(6) 掌握钢筋混凝土框架结构混凝土的浇筑、振捣、养护、拆模的方法的施工方法。

12. 混凝土预制构件的浇筑

培训内容

(1) 普通钢筋混凝土屋架的浇筑；

(2) 普通钢筋混凝土吊车架的浇筑；

(3) 普通钢筋混凝土预制桩的浇筑；

(4) 混凝土预制构件的质量要求。

培训要求

(1) 了解普通钢筋混凝土屋架的生产工艺和操作要点；

(2) 了解吊车梁的浇筑工艺和操作要点；

(3) 掌握普通钢筋混凝土预制桩的生产工艺，制作方法和要点；

（4）了解混凝土预制构件浇筑的质量标准、易出现的质量问题、安全注意事项。

13. 预应力构件混凝土的施工

培训内容

（1）后张法预应力屋架；

（2）预应力 T 形吊车梁；

（3）鱼腹式吊车梁；

（4）预应力圆孔板的浇筑。

培训要求

（1）了解后张法预应力屋架的制作工艺、掌握操作要点；

（2）了解长线台座先张法预应力 T 形吊车梁制作工艺、掌握操作要点；

（3）了解鱼腹式吊车梁制作工艺、掌握操作要点；

（4）掌握预应力圆孔板的浇筑生产工艺，掌握操作要点。

14. 轻质混凝土和泡沫混凝土的施工

培训内容

（1）轻质混凝土的组成材料；

（2）轻质混凝土的施工工艺；

（3）泡沫混凝土的组成材料；

（4）泡沫混凝土的施工工艺。

培训要求

（1）了解轻质混凝土组成材料的质量要求；

（2）掌握轻质混凝土的搅拌、浇筑的施工工艺；

（3）了解泡沫混凝土组成材料的质量要求；

（4）掌握泡沫混凝土拌制、浇筑的施工工艺。

15. 特种功能混凝土的性能及施工方法

培训内容

（1）耐酸混凝土；

（2）耐碱混凝土；

(3) 耐热混凝土；

(4) 防水混凝土；

(5) 防射线混凝土。

培训要求

(1) 了解上述五种混凝土的材料组成、性能和配合比要求；

(2) 掌握上述四种混凝土的施工方法。

16. 特种材料混凝土施工

培训内容

(1) 补偿收缩性混凝土施工；

(2) 聚合物混凝土的施工；

(3) 流态混凝土的施工；

(4) 纤维混凝土的施工；

(5) 特细砂混凝土的施工；

(6) 无砂大孔径混凝土的施工；

(7) 山砂混凝土的施工。

培训要求

(1) 了解上述7种混凝土的材料组成、性能和配合比要求；

(2) 掌握补偿收缩性混凝土的施工方法、了解后6种混凝土的施工方法。

17. 大模板、滑模、升板混凝土施工

培训内容

(1) 大模板混凝土的施工；

(2) 滑模混凝土的施工；

(3) 升板混凝土的施工。

培训要求

(1) 掌握大模板混凝土施工的操作步骤和方法；

(2) 了解滑模混凝土施工的操作步骤和方法；

(3) 了解升板混凝土施工的操作步骤和方法。

18. 构筑物混凝土的施工

培训内容

(1) 筒仓混凝土施工；

(2) 烟囱混凝土施工；

(3) 水塔混凝土施工。

培训要求

(1) 了解筒仓施工的支模方案和浇筑混凝土的施工工艺及混凝土漏斗的施工；

(2) 了解钢筋混凝土烟囱的结构与构造，了解烟囱混凝土浇筑方法，了解烟囱混凝土施工的质量标准及安全措施；

(3) 了解水塔的类型和水塔的结构及构造，了解水塔混凝土的浇筑方法和安全措施。

19. 混凝土的季节施工

培训内容

(1) 冬期施工；

(2) 夏期施工；

(3) 雨期施工。

培训要求

(1) 了解混凝土冬期施工方法；

(2) 掌握混凝土夏期施工方法；

(3) 掌握混凝土雨期施工方法。

20. 班组管理与工料计算

培训内容

(1) 班组的管理；

(2) 工料分析与计算的依据；

(3) 混凝土工料分析的方法与步骤。

培训要求

(1) 了解班组管理的班组的任务与作用、班组管理的基本工作与任务、管理的基础工作、班组的料具管理、班组的劳动定额管理；

(2) 了解工料分析与计算的依据、方法与步骤。

21. 质量与安全

培训内容

（1）建筑工程施工质量验收的标准；

（2）混凝土施工质量控制与验收；

（3）现浇结构混凝土分项工程施工质量控制与验收；

（4）预制构件分项工程施工质量控制与验收；

（5）结构实体钢筋保护层厚度检验；

（6）安全管理与技术。

培训要求

（1）了解混凝土工程质量验收标准的划分和建筑工程质量验收规定；

（2）了解混凝土施工质量控制、混凝土强度评定和检验的要求和方法；

（3）了解现浇结构混凝土分项工程施工质量控制与验收的一般规定、外观质量检查与验收，掌握尺寸偏差的质量控制与检验；

（4）了解掌握预制构件浇筑的一般规定、主控项目、一般项目；

（5）掌握结构实体钢筋保护层厚度检验的要求；

（6）掌握混凝土工的安全技术要点，了解制定安全技术措施、安全教育、岗位的安全管理、安全生产综合管理与安全责任制内容和重要性。

三、培训时间和计划安排

培训时间及采取的方法，各地区可根据本地的实际情况采用不同的形式进行，但原则上做到扎实、实际、学以致用，基本保证下述计划表要求的课时，在教学中，各教学单位要根据实际情况，安排学员，在指导教师指导下参加实作训练后，再参加高一级技工辅导下的实际工程施工操作。初级工以理论教学为主，实作训练为辅；使学员通过培训掌握混凝土工初级工的技术理论和操作技能。教学中理论课时与实作课时之比为7:3。

计划课时分配表如下：

初级混凝土工培训课时分配表

序号	课 题 内 容	计划学时
1	建筑识图和房屋构造的基本知识	6
2	力学与混凝土结构的基本知识	4
3	混凝土组成材料	6
4	混凝土基本知识	6
5	混凝土常用施工机具	4
6	普通混凝土配合比设计	4
7	混凝土搅拌站与商品混凝土	6
8	泵送混凝土施工	4
9	混凝土工程的施工过程	8
10	混凝土基础的浇筑	8
11	混凝土现浇结构的浇筑	14
12	混凝土预制构件的浇筑	6
13	预应力构件混凝土的施工	6
14	轻质混凝土和泡沫混凝土的施工	4
15	特种功能混凝土的性能及施工方法	6
16	特种材料混凝土施工	6
17	大模板、滑模、升板混凝土施工	6
18	构筑物混凝土的施工	4
19	混凝土的季节施工	6
20	班组管理与工料计算	4
21	质量与安全	4
	合 计	122

四、考 核 内 容

1. 应知考试

各区教育培训单位，可以根据教材中各部分的复习题和练习题，选择出题进行考试。可采用判断题、选择题、填空题及简答题四种形式。

2. 应会考试

各地区培训考核单位，可以根据地区的情况和实施的工程特点，在以下考试内容中选择 3～5 项进行考核。

（1）在实际施工项目中，做坍落度检验。

（2）在实际施工项目中，做混凝土试块。

（3）在实际施工项目中，插入式振捣器的插入方法。

（4）在实际施工项目中，浇筑锥式杯形基础的斜坡面。

（5）浇筑条形基础时，考核其插点的布置。

（6）考核柱子混凝土浇筑顺序是否符合规定。

（7）考核墙体混凝土的灌注是否符合规定。

（8）考核有主次梁的肋形楼板的浇筑顺序和方向是否符合规定。

（9）考核悬挑构件混凝土浇筑的顺序是否符合要求。

（10）考核一般楼梯的浇筑顺序是否正确。

（11）修补混凝土麻面时考核其方法是否正确。

（12）浇捣混凝土垫层时的施工是否符合要求。

中级混凝土工培训计划与培训大纲

一、培训目的与要求

本计划大纲是根据建设部颁布的《建设行业职业技能标准》中级混凝土工的理论知识（应知）、操作技能（应会）要求，结合全国建设行业全面实行建设职业技能岗位培训与鉴定的要求，按照《职业技能岗位鉴定规范》混凝土工的中级工的鉴定内容编写的。

通过对中级混凝土工的培训，使中级混凝土工在初级工的基础上，全面掌握本等级的技术理论知识和操作技能，掌握中级混凝土工本岗位的职业要求，全面了解施工基础知识，为参加建设职业技能岗位鉴定做好准备，同时为升入高级混凝土工打下基础，其培训具体要求；能看懂较复杂的施工图，懂得混凝土配合比计算的步骤和方法，了解特种水泥、附加剂、掺合料的技术特性、使用方法和适用范围，熟悉混凝土工程浇筑前的施工准备工作，了解耐酸、耐碱、耐热、防水等特种混凝土施工方法及泵送混凝土的施工方法，了解大型模板、滑模、升板等新工艺的有关知识，掌握浇捣吊车梁、屋架、烟囱、水塔等各种结构混凝土和特种混凝土，掌握使用压力喷浆机进行预应力孔道灌浆，掌握大流动性混凝土和泵送混凝土的施工，会按图计算工料，懂得混凝土工程的质量标准，能参与班组管理，具备安全生产、文明施工、产品保护的大部分知识及自身安全防备能力，具有一定的班级管理能力；具有较强的对职业道德行为准则的遵守能力。

二、理论知识（应知）和操作技能（应会）的培训内容和要求

根据培训目的和要求，在培训过程中要严格按照本计划大纲的培训内容及课时要求进行，教学要适应目前建筑施工生产的状况，初、中、高级工都要加强实际操作技能的训练，理论教学与技能训练相结合，教学与施工生产相结合，在教学中，各教学单位要根据实际情况，安排学员，在指导教师指导下参加实作训练后，再参加有高级混凝土工辅导下的实际工程施工操作。经理论知识和操作技能考核合格后方可持证上岗。

培训内容与要求

1. 建筑识图和房屋构造的基本知识

培训内容

（1）建筑识图中常见的名称、图例与代号；

（2）建筑识图基本方法：

（3）房屋的组成与构造。

培训要求

（1）应掌握建筑识图中常见的名称、图例与代号；

（2）掌握识图的基本方法，能看懂混凝土分部分项较复杂施工图；

（3）掌握房屋的组成与构造和它的作用，能看懂一般混凝土节点施工图。

2. 力学与混凝土结构的基本知识

培训内容

（1）力与荷载的概念；

（2）钢筋和混凝土共同工作原理；

（3）房屋的受力特点。

①多层混合构造与受力特点；

②多层板架构造与受力特点；

③单层工业厂房构造与受力特点。

(4) 钢筋保护层厚度;

(5) 混凝土结构体系及施工方法简介。

培训要求

(1) 掌握多层砖混结构和多层板架结构的建筑受力特点，掌握多层砖混结构和多层板架结构的建筑受力特点;

(2) 掌握单层工业厂房构造和柱、屋架、吊车梁三大构件的受力特点;

(3) 掌握钢筋在混凝土构件中的作用 ;

(4) 掌握钢筋保护层厚度的规定，掌握对钢筋保护层厚度的影响因素。

(5) 了解混凝土结构体系，掌握各种结构体系常用施工方案。

3. 混凝土的组成材料

培训内容

(1) 五大类水泥的规格、质量、性质、用途和保管方法;

(2) 细骨料的种类、规格和质量要求;

(3) 粗骨料的种类、规格和质量要求;

(4) 水的质量要求;

(5) 外加剂的种类和选用。

培训要求

(1) 掌握水泥的种类、规格、质量、性质、用途和保管方法;

(2) 掌握细骨料的种类、规格和质量要求;

(3) 掌握粗骨料的种类、规格和质量要求;

(4) 掌握拌和用水的质量要求;

(5) 掌握外加剂和掺合料的种类和使用范围。

4. 混凝土的基本知识

培训内容

(1) 混凝土的组成与分类;

（2）混凝土的主要技术性质；

（3）混凝土质量控制；

（4）混凝土试块的留制方法；

（5）混凝土的各种养护方法。

培训要求

（1）掌握混凝土的组成与分类；

（2）掌握混凝土的主要技术性质；

（3）掌握混凝土的质量控制标准；

（4）掌握混凝土试块的留制方法和留制数量。

（5）掌握混凝土的自然养护和蒸气养护方法，了解混凝土的其他养护方法。

5. 混凝土常用施工机具

培训内容

（1）混凝土搅拌机；

（2）混凝土搅拌楼；

（3）混凝土搅拌站；

（4）混凝土输送车；

（5）混凝土泵；

（6）混凝土泵车；

（7）混凝土布料杆；

（8）混凝土真空吸水装置；

（9）混凝土振动器；

（10）混凝土制品机械；

（11）混凝土运输机具。

培训要求

（1）掌握混凝土搅拌机的性能、规格的选用；

（2）掌握混凝土搅拌楼的使用要求；

（3）掌握混凝土搅拌站的工艺流程；

（4）掌握混凝土输送车的性能和要求；

（5）掌握混凝土泵的使用要求；

（6）掌握混凝土泵车的操作要点；
（7）掌握混凝土布料杆的布置要求和方法；
（8）掌握混凝土真空吸水装置的原理和规格的选用；
（9）掌握混凝土振动器的性能和使用要领；
（10）掌握混凝土运输机具的使用。

6. 普通混凝土配合比设计

培训内容

（1）配合比设计的三个参数；
（2）三个参数的选取；
（3）配合比设计的方法与步骤；
（4）混凝土配合比的试配、调整与确定；
（5）混凝土施工配合比调整及配料计算。

培训要求

（1）掌握混凝土配合比设计中三个参数的关系；
（2）掌握混凝土配合比的设计步骤和方法；
（3）掌握混凝土的质量控制方法。

7. 混凝土搅拌站与商品混凝土

培训内容

（1）混凝土搅拌站的工艺流程知识；
（2）简易搅拌站；
（3）双阶搅拌站；
（4）单阶搅拌站；
（5）商品混凝土；
（6）搅拌新工艺——多次投料搅拌法。

培训要求

（1）掌握混凝土搅拌站的工艺流程；
（2）掌握简易搅拌站、双阶搅拌站、单阶搅拌站的工艺布置要求；
（3）掌握商品混凝土的性质；
（4）掌握搅拌新工艺的操作方法和要求。

8. 泵送混凝土施工

培训内容

(1) 施工准备;

(2) 施工方法及其操作;

(3) 泵送混凝土施工质量措施。

培训要求

(1) 掌握施工准备工作的内容与要求，并能进行检查;

(2) 掌握泵送混凝土施工方法及其操作;

(3) 掌握防止泵送混凝土施工质量问题的措施。

9. 混凝土工程的施工过程

培训内容

(1) 混凝土浇筑前的准备;

(2) 混凝土搅拌;

(3) 混凝土运输;

(4) 混凝土浇筑;

(5) 混凝土养护;

(6) 混凝土模板的拆除;

(7) 混凝土缺陷修整;

(8) 施工缝处理。

培训要求

(1) 掌握浇筑前的准备工作，并能对准备工作检查和完善;

(2) 掌握拌制要求和方法;

(3) 掌握运输要求;

(4) 掌握浇筑方法和要求;

(5) 掌握养护方法;

(6) 掌握拆除模板的规定和方法;

(7) 掌握修整混凝土一般表面缺陷的方法;

(8) 掌握施工缝处理的要求和方法，掌握施工缝位置留置的原则。

10. 混凝土基础的浇筑

培训内容

(1) 地基土的分类;

(2) 地基土的鉴别;

(3) 基坑(槽)直壁开挖和放坡开挖的规定;

(4) 操作顺序和操作要点;

(5) 基坑(槽)土方开挖注意事项;

(6) 基础垫层的施工;

(7) 混凝土基础的浇筑。

培训要求

(1) 掌握土的分类和鉴别方法;

(2) 掌握深基坑土方开挖的操作步骤和方法;

(3) 掌握深基坑土方开挖中出现的质量和安全问题,高级工掌握软基础的处理常用方法。

(4) 掌握土方工程的质量检查标准;

(5) 掌握灰土垫层、三合土垫层、混凝土垫层的施工;

(6) 掌握混凝土独立基础、混凝土杯形基础、混凝土条形基础的施工方法。

11. 混凝土现浇结构的浇筑

培训内容

(1) 混凝土浇筑前的准备工作;

(2) 混凝土柱的浇筑;

(3) 混凝土墙体的浇筑;

(4) 混凝土肋形楼盖的浇筑;

(5) 其他现浇构件的浇筑;

(6) 钢筋混凝土框架结构施工。

培训要求

(1) 掌握混凝土浇筑前的准备工作的内容;

(2) 掌握混凝土柱的浇筑工艺和施工方法,掌握混凝土柱浇筑施工中常出现的质量事故的防治;

(3) 掌握混凝土墙体的浇筑工艺和施工方法，掌握混凝土墙浇筑施工中常出现的质量事故及防治；

(4) 掌握混凝土肋形楼盖的浇筑工艺和施工方法，掌握肋形楼板混凝土浇筑施工中常出现的质量事故及防治；

(5) 掌握楼梯的浇筑、一般悬挑构件的浇筑和圈梁的浇筑的施工方法，能确定圈梁的施工缝位置和处理方法；

(6) 掌握钢筋混凝土框架结构混凝土的浇筑、振捣、养护、拆模的方法的施工方法，掌握梁、柱节点施工、施工缝的留置和处理，了解后浇带处混凝土的施工、掌握现浇混凝土框架结构容易出现的质量的问题及安全注意事项。

12. 混凝土预制构件的浇筑

培训内容

(1) 普通钢筋混凝土屋架的浇筑；

(2) 普通钢筋混凝土吊车架的浇筑；

(3) 普通钢筋混凝土预制桩的浇筑；

(4) 混凝土预制构件的质量要求。

培训要求

(1) 掌握普通钢筋混凝土屋架的生产工艺和操作要点；

(2) 掌握吊车梁的浇筑工艺和操作要点；

(3) 掌握普通钢筋混凝土预制桩的生产工艺，制作方法和要点；

(4) 掌握质量标准、易出现的质量问题、安全注意事项。

13. 预应力构件混凝土的施工

培训内容

(1) 后张法预应力屋架；

(2) 预应力 T 形吊车梁；

(3) 鱼腹式吊车梁；

(4) 预应力圆孔板的浇筑。

培训要求

(1) 掌握后张法预应力屋架的制作工艺、掌握操作要点和质量要求；

(2) 掌握长线台座先张法预应力T形吊车梁制作工艺和操作要点；

(3) 掌握鱼腹式吊车梁制作工艺和操作要点；

(4) 掌握预应力圆孔板的浇筑生产工艺，掌握操作要点及安全事项。

14. 轻质混凝土和泡沫混凝土的施工

培训内容

(1) 轻质混凝土的组成材料；

(2) 轻质混凝土的施工工艺；

(3) 泡沫混凝土的组成材料；

(4) 泡沫混凝土的施工工艺。

培训要求

(1) 掌握轻质混凝土组成材料的质量要求；

(2) 掌握轻质混凝土的搅拌、浇筑的施工工艺；

(3) 掌握泡沫混凝土组成材料的质量要求；

(4) 掌握泡沫混凝土拌制、浇筑的施工工艺。

15. 特种功能混凝土的性能及施工方法

培训内容

(1) 耐酸混凝土；

(2) 耐碱混凝土；

(3) 耐热混凝土；

(4) 防水混凝土；

(5) 防射线混凝土。

培训要求

(1) 掌握上述四种混凝土的材料组成、性能和配合比要求；

(2) 应掌握上述四种混凝土的施工方法。

16. 特种材料混凝土施工

培训内容

(1) 补偿收缩性混凝土；

(2) 聚合物混凝土的施工;
(3) 流态混凝土的施工;
(4) 纤维混凝土的施工;
(5) 特细砂混凝土的施工;
(6) 无砂大孔径混凝土的施工;
(7) 山砂混凝土的施工。
培训要求
(1) 掌握上述7种混凝土的材料组成、性能和配合比要求;
(2) 掌握上述前7种混凝土的施工方法。
17. 大模板、滑模、升板混凝土施工
培训内容
(1) 大模板混凝土的施工;
(2) 滑模混凝土的施工;
(3) 升板混凝土的施工。
培训要求
(1) 掌握大模板混凝土施工的操作步骤和方法;
(2) 掌握滑模混凝土施工的操作步骤和方法;
(3) 了解升板混凝土施工质量的检查与控制。
18. 构筑物混凝土的施工
培训内容
(1) 筒仓混凝土施工;
(2) 烟囱混凝土施工;
(3) 水塔混凝土施工。
培训要求
(1) 掌握筒仓施工的支模方案和浇筑混凝土的施工工艺及混凝土漏斗的施工方法;
(2) 掌握钢筋混凝土烟囱的结构与构造,掌握烟囱混凝土浇筑方法,了解烟囱混凝土施工的质量标准及安全措施;
(3) 掌握水塔的类型和水塔的结构及构造,掌握水塔混凝土的浇筑方法和安全措施。

19. 混凝土的季节施工

培训内容

(1) 冬期施工;

(2) 夏期施工;

(3) 雨期施工。

培训要求

(1) 掌握混凝土冬期施工方法;

(2) 掌握混凝土夏期施工方法;

(3) 掌握混凝土雨期施工方法。

20. 班组管理与工料计算

培训内容

(1) 班组的管理;

(2) 工料分析与计算的依据;

(3) 混凝土工料分析的方法与步骤。

培训要求

(1) 掌握班组管理的基本工作与任务、管理的基础工作、班组的料具管理、班组的劳动定额管理;

(2) 掌握中小型工程的工料分析与计算的依据、方法与步骤。

21. 质量与安全

培训内容

(1) 建筑工程施工质量验收的标准;

(2) 混凝土施工质量控制与验收;

(3) 现浇结构混凝土分项工程施工质量控制与验收;

(4) 预制构件分项工程施工质量控制与验收;

(5) 结构实体钢筋保护层厚度检验;

(6) 安全管理与技术。

培训要求

(1) 掌握混凝土工程质量验收标准的划分和建筑工程质量验收规定;

（2）掌握混凝土施工质量控制、混凝土强度评定和检验的要求和方法；

（3）掌握现浇结构混凝土分项工程施工质量控制与验收的一般规定、外观质量检查与验收，掌握尺寸偏差的质量控制与检验；

（4）掌握预制构件浇筑的一般规定、主控项目、一般项目；

（5）掌握结构实体钢筋保护层厚度检验的要求和检查方法；

（6）掌握混凝土工的安全技术要点，了解制定安全技术措施、安全教育、岗位的安全管理、安全生产综合管理与安全责任制内容和重要性。

三、培训时间和计划安排

培训时间及采取的方法，各地区可根据本地的实际情况采用不同的形式进行，但原则上做到扎实、实际、学以致用，基本保证下述计划表要求的课时，在教学中，各教学单位要根据实际情况，安排学员，在指导教师指导下参加实作训练后，再参加有高级混凝土技工辅导下的实际工程施工操作。中级混凝土工以理论教学为主，实作训练为辅；使学员通过培训掌握混凝土工相应等级的技术理论和操作技能。教学中理论课时与实作课时之比为6:4。

计划课时分配表如下：

中级混凝土工培训课时分配表

序号	课题内容	计划学时
1	建筑识图和房屋构造的基本知识	4
2	力学与混凝土结构的基本知识	6
3	混凝土组成材料	2
4	混凝土基本知识	4
5	混凝土常用施工机具	4
6	普通混凝土配合比设计	4

续表

序号	课 题 内 容	计划学时
7	混凝土搅拌站与商品混凝土	4
8	泵送混凝土施工	4
9	混凝土工程的施工过程	4
10	混凝土基础的浇筑	6
11	混凝土现浇结构的浇筑	8
12	混凝土预制构件的浇筑	4
13	预应力构件混凝土的施工	4
14	轻质混凝土和泡沫混凝土的施工	4
15	特种功能混凝土的性能及施工方法	4
16	特种材料混凝土施工	4
17	大模板、滑模、升板混凝土施工	6
18	构筑物混凝土的施工	6
19	混凝土的季节施工	6
20	班组管理与工料计算	6
21	质量与安全	6
	合 计	100

四、考核内容

1．应知考试

各地区培训考核单位，可以根据教材中各部分的复习题和练习题，选择出题进行考试。可采用判断题、选择题、填空题及简答题四种形式。

2．应会考试

各地区培训考核单位，可以根据各地区的情况和实施的工程特点，在以下考试内容中选择2～3项进行考核。

（1）实际现浇多层框架混凝土施工时，考核其分层分段的方法。

（2）在浇筑混凝土柱时，考核其振捣的方法。

（3）在浇筑墙体混凝土时，考核其浇筑方法和步骤。

（4）在浇筑混凝土梁时，其施工缝的位置和处理是否符合要求。

（5）在实际浇筑筒仓混凝土时，考核其操作步骤和方法。

（6）浇筑混凝土烟囱的方法和分层厚度是否符合要求。

（7）在实际浇筑混凝土屋架时，考核其操作步骤和方法。

（8）在实际浇筑混凝土吊车梁时，考核其振捣插点次序是否正确。

（9）水玻璃耐酸混凝土浇筑的振捣和分层是否符合要求。

（10）浇筑普通防水混凝土时，考核其措施是否正确。

（11）泵送混凝土浇筑时应注意哪些问题，在其实践中考核。

（12）在冬期浇筑整体式结构混凝土时，考核其浇筑程序和施工位置和已浇筑层混凝土温度。

高级混凝土工培训计划与培训大纲

一、培训目的与要求

本计划大纲是根据建设部颁布的《建设行业职业技能标准》高级混凝土工的理论知识（应知）、操作技能（应会）要求，结合全国建设行业全面实行建设职业技能岗位培训与鉴定的要求，按照《职业技能岗位鉴定规范》混凝土工高级工的鉴定内容编写的。

通过对高级混凝土工的培训，使高级混凝土工全面掌握本等级的技术理论知识和操作技能，除掌握初、中级工的应知和应会处，还要掌握高级混凝土工本岗位的职业要求，全面掌握混凝土施工知识，为参加建设职业技能岗位鉴定做好准备，其培训具体要求：能看懂复杂的施工图，并能审核图纸；掌握混凝土结构的一般理论知识，掌握混凝土配合比设计方法，掌握混凝土搅拌站的布置要求，掌握大模板、滑模、升板和预应力钢筋混凝土施工工艺，掌握浇筑新材料混凝土和新功能混凝土的施工及构筑物混凝土的施工；了解软弱地基处理的方法；掌握混凝土工程的质量标准和检测方法，具备安全生产、文明施工、产品保护的全面知识及自身安全防备能力；具有较强的班级管理能力；同时，还应具有过硬的对职业道德行为准则的遵守能力。

二、理论知识（应知）和操作技能（应会）的培训内容和要求

根据培训目的和要求，在培训过程中要严格按照本计划大纲

的培训内容及课时要求进行，教学要适应目前建筑施工生产的状况，初、中、高级工都要加强实际操作技能的训练，理论教学与技能训练相结合，教学与施工生产相结合，在教学中，各教学单位要根据实际情况，安排学员，在指导教师指导下参加实作训练后，再参加有三年以上相应工种等级的技工辅导下的实际工程施工操作。经考核后方可持证上岗。

培训内容与要求

1. 建筑识图和房屋构造的基本知识

培训内容

（1）建筑识图中常见的名称、图例与代号；

（2）建筑识图基本方法；

（3）房屋的组成与构造。

培训要求

（1）掌握建筑识图中常见的名称、图例与代号；

（2）掌握识图的方法，能看懂混凝土分部分项复杂施工图；

（3）能看懂复杂混凝土节点施工图和一般混凝土节点施工图。

2. 力学与混凝土结构的基本知识

培训内容

（1）力与荷载的概念；

（2）钢筋和混凝土共同工作原理；

（3）房屋的受力特点：

①多层混合构造与受力特点；

②多层板架构造与受力特点；

③单层工业厂房构造与受力特点；

（4）钢筋保护层厚度；

（5）混凝土结构体系及施工方法简介。

培训要求

（1）掌握多层砖混结构和多层框架结构的建筑受力特点，能画出一般构件的受力图；

(2) 掌握单层工业厂房构造和所有构件的受力特点；

(3) 掌握钢筋在混凝土构件中的作用，了解钢筋工程隐蔽验收的内容，了解模板工程检查的内容；

(4) 掌握钢筋保护层厚度的规定，掌握对钢筋保护层厚度的影响因素和检查的方法；

(5) 掌握对不同混凝土结构体系的施工方案的选择。

3. 混凝土的组成材料

培训内容

(1) 五大类水泥的规格、质量、性质、用途和保管方法；

(2) 细骨料的种类、规格和质量要求；

(3) 粗骨料的种类、规格和质量要求；

(4) 水的质量要求；

(5) 外加剂的种类和选用。

培训要求

(1) 掌握水泥的种类、规格、质量、性质、用途和保管方法；

(2) 掌握细骨料的种类、规格和质量要求，掌握含水量的测定方法；

(3) 掌握粗骨料的种类、规格和质量要求，掌握含水量的测定方法；

(4) 掌握拌合用水的质量要求和用量的控制方法；

(5) 掌握外加剂和掺合料的种类和使用范围。

4. 混凝土的基本知识

培训内容

(1) 混凝土的组成与分类；

(2) 混凝土的主要技术性质；

(3) 混凝土质量控制；

(4) 混凝土试块的留制方法；

(5) 混凝土的各种养护方法。

培训要求

(1) 掌握混凝土的组成与分类；

(2) 掌握混凝土的主要技术性质；

(3) 掌握混凝土的质量控制标准；

(4) 掌握混凝土试块的留制方法和留制数量及养护方法；

(5) 掌握混凝土的各种养护方法。

5. 混凝土常用施工机具

培训内容

(1) 混凝土搅拌机；

(2) 混凝土搅拌楼；

(3) 混凝土搅拌站；

(4) 混凝土输送车；

(5) 混凝土泵；

(6) 混凝土泵车；

(7) 混凝土布料杆；

(8) 混凝土真空吸水装置；

(9) 混凝土振动器；

(10) 混凝土制品机械；

(11) 混凝土运输机具。

培训要求

(1) 掌握混凝土搅拌机的性能、规格的选用，掌握防治混凝土搅拌机在施工中常见事故；

(2) 掌握混凝土搅拌楼的使用方法；

(3) 掌握混凝土搅拌站的工艺流程和管理方法；

(4) 掌握混凝土输送车的性能和要求；

(5) 掌握混凝土泵的使用要求；

(6) 掌握混凝土泵车的操作要点；

(7) 掌握混凝土布料杆的布置要求和方法；

(8) 掌握混凝土真空吸水装置的原理和规格的选用方法；

(9) 掌握混凝土振动器的性能和使用要领，并能对常见事故处理；

(10) 掌握混凝土运输机具的使用，并能对常见事故处理。

6. 普通混凝土配合比设计

培训内容

(1) 配合比设计的三个参数；

(2) 三个参数的选取；

(3) 配合比设计的方法与步骤；

(4) 混凝土配合比的试配、调整与确定；

(5) 混凝土施工配合比调整及配料计算。

培训要求

(1) 掌握混凝土配合比设计中的方法；

(2) 掌握混凝土配合比的设计步骤和方法；

(3) 掌握混凝土施工配合比的调整方法，掌握混凝土的质量控制方法。

7. 混凝土搅拌站与商品混凝土

培训内容

(1) 混凝土搅拌站的工艺流程知识；

(2) 简易搅拌站；

(3) 双阶搅拌站；

(4) 单阶搅拌站；

(5) 商品混凝土；

(6) 搅拌新工艺——多次投料搅拌法。

培训要求

(1) 掌握混凝土搅拌站的工艺流程；

(2) 掌握简易搅拌站、双阶搅拌站、单阶搅拌站的工艺布置，掌握混凝土搅拌中质量控制方法；

(3) 掌握商品混凝土的性质和质量控制要求；

(4) 掌握搅拌新工艺的操作方法和质量控制要求。

8. 泵送混凝土施工

培训内容

(1) 施工准备；

（2）施工方法及其操作；

（3）应有的质量措施。

培训要求

（1）掌握对施工准备工作的内容与要求进行检查；

（2）掌握泵送混凝土的正确施工方法，并能对不正确的施工方法及其操作进行检查和纠正；

（3）掌握对泵送混凝土施工中常见质量问题的处理方法。

9．混凝土工程的施工过程

培训内容

（1）混凝土浇筑前的准备；

（2）混凝土搅拌；

（3）混凝土运输；

（4）混凝土浇筑；

（5）混凝土养护；

（6）混凝土模板的拆除；

（7）混凝土缺陷修整；

（8）施工缝处理。

培训要求

（1）掌握混凝土浇筑前的准备工作的内容，并能对准备工作检查和完善；

（2）掌握混凝土拌制要求和方法，能对拌制制度进行检查和完善；

（3）掌握混凝土运输要求，能对混凝土运输方法和时间严格把握；

（4）掌握浇筑方法和要求，能对浇筑质量进行检查和纠正；

（5）掌握正确的混凝土养护方法，能对不正确的养护方法进行纠正；

（6）掌握拆除模板的规定，能检查拆除模板的施工方案；

（7）掌握修整混凝土表面缺陷的方法，能制定施工措施；

（8）掌握留设施工缝的位置、施工缝处理的要求和方法，能检查施工的处理质量。

10. 混凝土基础的浇筑

培训内容

(1) 地基土的分类;

(2) 地基土的鉴别;

(3) 基坑(槽)直壁开挖和放坡开挖的规定;

(4) 操作顺序和操作要点;

(5) 基坑(槽)土方开挖注意事项;

(6) 基础垫层的施工;

(7) 混凝土基础的浇筑。

培训要求

(1) 掌握土的分类和鉴别方法;

(2) 掌握基槽土方开挖的操作步骤和方法,掌握深基坑土方开挖的操作步骤和方法;

(3) 掌握防止基槽土方开挖中出现的质量和安全问题,掌握深基坑土方开挖中出现的质量和安全问题,掌握软基础的处理常用方法;

(4) 掌握土方工程的质量检查标准;

(5) 掌握灰土垫层、三合土垫层、混凝土垫层的施工和质量验收要求;

(6) 掌握混凝土独立基础、混凝土杯形基础、混凝土条形基础的浇筑、桩基础施工、大体积基础混凝土浇筑施工方法质量要求。

11. 混凝土现浇结构的浇筑

培训内容

(1) 混凝土浇筑前的准备工作;

(2) 混凝土柱的浇筑;

(3) 混凝土墙体的浇筑;

(4) 混凝土肋形楼盖的浇筑;

(5) 其他现浇构件的浇筑;

（6）钢筋混凝土框架结构施工。

培训要求

（1）掌握对混凝土浇筑前的准备工作的检查和完善；

（2）掌握混凝土柱的浇筑工艺和施工方法，掌握混凝土柱浇筑施工中常出现的质量事故的防治，掌握处理一般混凝土柱的浇筑质量事故的方法；

（3）掌握混凝土墙体的浇筑工艺和施工方法，掌握混凝土墙浇筑施工中常出现的质量事故及防治，处理一般混凝土墙的浇筑质量事故；

（4）应掌握混凝土肋形楼盖的浇筑工艺和施工方法，掌握肋形楼板混凝土浇筑施工中常出现的质量事故及防治，高级工能处理一般混凝土肋形楼盖的浇筑质量事故；

（5）掌握楼梯的浇筑、一般悬挑构件的浇筑、圈梁浇筑施工方法，能处理和预防常见质量事故；

（6）掌握钢筋混凝土框架结构混凝土的浇筑、振捣、养护、拆模的方法的施工方法，掌握梁、柱节点施工、施工缝的留置和处理，掌握后浇带处混凝土的施工、掌握现浇混凝土框架结构容易出现的质量问题及安全注意事项。

12. 混凝土预制构件的浇筑

培训内容

（1）普通钢筋混凝土屋架的浇筑；

（2）普通钢筋混凝土吊车架的浇筑；

（3）普通钢筋混凝土预制桩的浇筑；

（4）混凝土预制构件的质量要求。

培训要求

（1）掌握普通钢筋混凝土屋架的生产工艺、操作要点和质量控制的方法；

（2）掌握吊车梁的浇筑工艺、操作要点和质量控制的方法

（3）掌握普通钢筋混凝土预制桩的生产工艺、制作方法和质量控制的方法；

（4）掌握质量标准、易出现的质量问题、安全注意事项，掌握安全措施的制订方法。

13．预应力构件混凝土的施工

培训内容

（1）后张法预应力屋架；

（2）预应力T形吊车梁；

（3）鱼腹式吊车梁；

（4）预应力圆孔板的浇筑。

培训要求

（1）掌握后张法预应力屋架的制作工艺、掌握操作要点、质量控制要求和方法；

（2）掌握长线台座先张法预应力T形吊车梁制作工艺、掌握操作要点、质量控制要求和方法；

（3）掌握鱼腹式吊车梁制作工艺、掌握操作要点、质量控制要求和方法；

（4）掌握预应力圆孔板的浇筑生产工艺，掌握操作要点、安全事项、质量控制要求和方法。

14．轻质混凝土和泡沫混凝土的施工

培训内容

（1）轻质混凝土的组成材料；

（2）轻质混凝土的施工工艺；

（3）泡沫混凝土的组成材料；

（4）泡沫混凝土的施工工艺。

培训要求

（1）掌握轻质混凝土组成材料的质量要求和检查的内容及方法；

（2）掌握轻质混凝土的搅拌、浇筑的施工工艺和施工质量控制方法；

（3）掌握泡沫混凝土组成材料的质量要求和检查的内容及方法；

(4) 掌握泡沫混凝土拌制、浇筑的施工工艺和施工质量控制方法。

15. 特种功能混凝土的性能及施工方法

培训内容

(1) 耐酸混凝土;

(2) 耐碱混凝土;

(3) 耐热混凝土;

(4) 防水混凝土;

(5) 防射线混凝土。

培训要求

(1) 掌握上述4种混凝土的材料组成、性能和配合比要求;

(2) 掌握上述4种混凝土的施工方法、施工质量控制方法。

16. 特种材料混凝土施工

培训内容

(1) 补偿收缩性混凝土;

(2) 聚合物混凝土的施工;

(3) 流态混凝土的施工;

(4) 纤维混凝土的施工;

(5) 特细砂混凝土的施工;

(6) 无砂大孔径混凝土的施工;

(7) 山砂混凝土的施工。

培训要求

(1) 掌握上述7种混凝土的材料组成、性能和配合比要求;

(2) 掌握上述7种混凝土的施工方法、施工质量控制方法。

17. 大模板、滑模、升板混凝土施工

培训内容

(1) 大模板混凝土的施工;

(2) 滑模混凝土的施工;

(3) 升板混凝土的施工。

培训要求

（1）掌握大模板混凝土施工的操作步骤和方法，掌握大模板混凝土施工质量的检查与控制方法；

（2）掌握滑模混凝土施工操作步骤和方法，掌握滑模混凝土施工质量的检查与控制；

（3）掌握升板混凝土施工操作步骤和方法，掌握升板混凝土施工质量的检查与控制。

18. 构筑物混凝土的施工

培训内容

（1）筒仓混凝土施工；

（2）烟囱混凝土施工；

（3）水塔混凝土施工。

培训要求

（1）掌握筒仓混凝土施工的支模方案、浇筑混凝土的施工工艺和混凝土漏斗的施工方法，掌握筒仓施工质量的检查与控制；

（2）掌握钢筋混凝土烟囱的结构与构造，掌握烟囱混凝土浇筑方法，掌握烟囱混凝土施工的质量标准及安全措施，掌握烟囱施工质量的检查与控制；

（3）掌握水塔的类型和水塔的结构及构造，掌握水塔混凝土的浇筑方法和安全措施，掌握水塔施工质量的检查与控制。

19. 混凝土的季节施工

培训内容

（1）冬期施工；

（2）夏期施工；

（3）雨期施工。

培训要求

（1）掌握混凝土冬期施工方法和技术措施；

（2）掌握混凝土夏期施工方法和技术措施；

（3）掌握混凝土雨期施工方法和技术措施。

20. 班组管理与工料计算

培训内容

（1）班组的管理；

（2）工料分析与计算的依据；

（3）混凝土工料分析的方法与步骤。

培训要求

（1）掌握班组管理的基本工作、任务、基础工作、料具管理、班组的劳动定额管理的内容和管理的方法；

（2）掌握大型工程的工料分析与计算的依据、方法与步骤。

21. 质量与安全

培训内容

（1）建筑工程施工质量验收的标准；

（2）混凝土施工质量控制与验收；

（3）现浇结构混凝土分项工程施工质量控制与验收；

（4）预制构件分项工程施工质量控制与验收；

（5）结构实体钢筋保护层厚度检验；

（6）安全管理与技术。

培训要求

（1）掌握混凝土工程质量验收标准的划分和建筑工程质量验收规定和要求；

（2）掌握混凝土施工质量控制、混凝土强度评定和检验的要求和方法；

（3）掌握现浇结构混凝土分项工程施工质量控制与验收的一般规定、外观质量检查与验收，掌握尺寸偏差的质量控制与检验；

（4）掌握预制构件浇筑的一般规定、主控项目、一般项目的内容；

（5）掌握结构实体钢筋保护层厚度检验的要求，并能进行检查；

（6）掌握混凝土工的安全技术要点，掌握制定安全技术措施、安全教育、岗位的安全管理、安全生产综合管理与安全责任制内容和方法。

三、培训时间和计划安排

培训时间及采取的方法，各地区可根据本地的实际情况采用不同的形式进行，但原则上作到扎实、实际、学以致用，基本保证下述计划表要求的课时，在教学中，各教学单位要根据实际情况，安排学员，在指导教师指导下参加实作训练后，再参加有三年以上高级混凝土技工辅导下的实际工程施工操作。高级混凝土工以实作和班组管理并重的教学方法，使学员通过培训掌握混凝土工相应等级的技术理论和操作技能。教学中理论课时与实作课时之比为5∶5。

计划课时分配表如下：

高级混凝土工培训课时分配表

序号	课 题 内 容	计划学时
1	建筑识图和房屋构造的基本知识	2
2	力学与混凝土结构的基本知识	4
3	混凝土组成材料	2
4	混凝土基本知识	2
5	混凝土常用施工机具	2
6	普通混凝土配合比设计	4
7	混凝土搅拌站与商品混凝土	4
8	泵送混凝土施工	4
9	混凝土工程的施工过程	2
10	混凝土基础的浇筑	4
11	混凝土现浇结构的浇筑	4
12	混凝土预制构件的浇筑	4
13	预应力构件混凝土的施工	6
14	轻质混凝土和泡沫混凝土的施工	4
15	特种功能混凝土的性能及施工方法	4
16	特种材料混凝土施工	4
17	大模板、滑模、升板混凝土施工	6
18	构筑物混凝土的施工	4
19	混凝土的季节施工	4
20	班组管理与工料计算	4
21	质量与安全	6
	合 计	80

四、考 核 内 容

1. 应知考试

各地区教育培训单位，可以根据教材中各部分的复习题，选择出题进行考试。可采用判断题、选择题、填空题及简答题四种形式。

2. 应会考试

各地区培训考核单位，可以根据各地区的情况和实施的工程特点，在以下考试内容中选择2～3项进行考核。

(1) 在实际施工项目中考核其后张法预应力屋架孔道灌浆的操作步骤与方法。

(2) 在实际施工项目中考核其预应力钢筋混凝土鱼腹式吊车梁浇筑顺序和方法。

(3) 在实际施工项目中钢筋混凝土大型底板的浇筑是否符合要求。

(4) 在实际施工项目中考核防辐射混凝土的施工操作步骤与方法。

(5) 对混凝土裂缝的修补进行考核。

(6) 在实际施工项目中钢筋混凝土水塔顶板的浇筑是否符合要求。

(7) 考核其预应力钢筋混凝土鱼腹式吊车梁的浇筑顺序。

(8) 考核其预应力钢筋混凝土屋架的浇筑方法。

(9) 预应力钢筋混凝土屋架制作中易出现表面麻面，应采取什么措施处理。

初级钢筋工培训计划与培训大纲

一、培训目的与要求

本计划大纲是根据建设部颁布的《建设行业职业技能标准》初级钢筋工的理论知识（应知）、操作技能（应会）要求，结合全国建设行业全面实行建设职业技能岗位培训与鉴定的要求，按照《职业技能岗位鉴定规范》初级钢筋工的鉴定内容编写。

通过对初级钢筋工的培训，使初级钢筋工基本掌握本等级的技术理论知识和操作技能，掌握初级钢筋工本岗位的职业要求，全面了解施工基础知识，为参加职业技能岗位鉴定做好准备，同时为升入中级钢筋工打下基础。其培训具体要求：会用工具，掌握基本操作技能，能识读简单的分部分项施工图、钢筋配料单、钢筋试验报告单；懂得房屋构造的基本知识，了解钢筋的品种、规格、性能和技术质量要求，了解钢筋的连接方法；通过训练，会一般工程的钢筋加工、绑扎与安装一般基础、梁、板、墙、柱和楼梯的钢筋；懂得钢筋工程的质量标准和检验方法，具备安全生产、文明施工、产品保护的基本知识及自身安全防备能力；具有对职业道德的行为准则的遵守能力。

二、理论知识（应知）和操作技能（应会）的培训内容和要求

根据培训目的和要求，在培训过程中要严格按照本计划大纲的培训内容及课时要求进行。适应目前建筑施工生产的状况、特点，要加强实际操作技能的训练，理论教学与技能训练相结合，

教学与施工生产相结合。

培训内容与要求

1. 建筑工程施工图的基本知识

培训内容

(1) 施工图的基本知识;

(2) 钢筋混凝土柱、墙、梁、板图的识读;

(3) 钢筋配料单的识读;

(4) 钢筋试验报告单的识读。

培训要求

(1) 能识读简单的平面、剖面、断面图;

(2) 能识读结构施工图中的柱、墙、梁、板图;

(3) 能识读钢筋一般工程的钢筋配料单和钢筋试验报告单。

2. 房屋构造

培训内容

(1) 民用建筑;

(2) 工业建筑。

培训要求

(1) 了解民用及工业建筑主要构件的组成、名称及其作用;

(2) 掌握民用建筑中的基础、柱墙、楼板、楼梯、阳台、屋面的构造要求;

(3) 掌握工业建筑中单层工业厂房中的基础、柱、梁、屋架、屋面板、天窗架等主要构件的构造要求。

3. 材料

培训内容

(1) 钢筋的品种;

(2) 钢筋的每米质量与断面积;

(3) 钢筋的性能与检验;

(4) 钢筋的运输装卸;

(5) 钢筋的验收。

培训要求

(1) 了解钢筋的品种、规格；
(2) 熟悉钢筋的性能、技术质量要求；
(3) 掌握钢筋的运输装卸方法；
(4) 掌握钢筋的验收方法。

4. 钢筋配置、绑扎的基本知识

培训内容

(1) 钢筋混凝土结构的基本概念；
(2) 预应力混凝土的基本概念；
(3) 钢筋混凝土的保护层；
(4) 钢筋在梁、板、柱、墙中的作用；
(5) 板的配筋构造；
(6) 梁的配筋构造；
(7) 柱的配筋构造；
(8) 基础的配筋构造；
(9) 屋架的配筋构造；
(10) 墙板的配筋构造。

培训要求

(1) 了解钢筋在混凝土中的作用；
(2) 了解钢筋在预应力混凝土中的作用；
(3) 掌握钢筋保护层厚度的设置要求；
(4) 掌握钢筋配置、绑扎、搭接、弯钩倍数的规定；
(5) 了解板、梁、柱、基础、屋架、墙板的配筋构造。

5. 钢筋的加工

培训内容

(1) 钢筋的除锈；
(2) 钢筋的调直；
(3) 钢筋的切断；
(4) 钢筋的连接；
(5) 钢筋的弯曲成型。

培训要求

(1）学会钢筋的除锈、平直、切断和弯曲的操作方法；
(2）掌握钢筋除锈、平直、切断和弯曲的质量标准

6. 钢筋的冷处理

培训内容

(1）钢筋的冷拉工艺；
(2）钢筋的冷拔工艺。

培训要求

(1）了解钢筋冷拉、冷拔的作用；
(2）掌握钢筋冷拉、冷拔的操作方法和工艺要求。

7. 钢筋的连接与锚固

培训内容

(1）接触对焊；
(2）电阻（接触）点焊；
(3）电弧焊；
(4）电渣压力焊；
(5）挤压连接；
(6）锥形螺纹钢筋连接；
(7）负温焊接；
(8）钢筋锚固的基本知识。

培训要求

(1）了解钢筋连接的各种方法及其施工工艺；
(2）掌握点焊的操作方法；
(3）掌握挤压连接（带肋钢筋）的操作方法；
(4）掌握钢筋锚固的要求。

8. 钢筋的绑扎与安装

培训内容

(1）钢筋绑扎与安装的基本知识；
(2）钢筋的绑扎；
(3）钢筋网、架的安装。

培训要求

(1) 掌握钢筋绑扎的要求；

(2) 掌握钢筋安装的要求；

(3) 会绑扎一般基础、梁、板、墙、柱和楼梯的钢筋；

(4) 掌握钢筋网、架的搬运就位方法。

9. 质量与安全

培训内容

(1) 质量通病防治；

(2) 质量检验；

(3) 安全技术。

培训要求

(1) 掌握钢筋工程的质量评定标准；

(2) 掌握钢筋在混凝土浇捣过程中一般缺陷的防治方法；

(3) 懂得安全规程是国家对建筑工人安全健康的关怀，了解国家对建筑行业发布的生产安全规程；

(4) 能严格遵守钢筋工的操作安全要求，做到安全生产。

三、培训时间和计划安排

培训时间及采取的方法，各地区可根据本地的实际情况采用不同的形式进行，但原则上做到扎实、实际、学以致用，基本保证下述计划表要求的课时；使学员通过培训掌握本职业的技术知识和操作技能。

计划课时分配表如下：

初级钢筋工培训课时分配表

序号	课 题 内 容	计划学时
1	施工图的基本知识	16
2	房屋构造	4
3	材料	6
4	钢筋配置、绑扎	12

续表

序号	课　题　内　容	计划学时
5	钢筋的加工	20
6	钢筋的冷处理	4
7	钢筋的连接与锚固	12
8	钢筋的绑孔与安装	30
9	质量与安全	12
10	四新技术与工法	4
	合　计	120

四、考核内容

1．应知考试

应知考核可采用答卷形式，以是非题、选择题、计算题和问答题四种题型进行考试，具体可由各培训单位根据本教材复习题选择出题。

2．应会考试

应会考试则应根据初级钢筋工应具体掌握的试验操作技能要求，在以下考核内容中选择2～3项进行实际考核。

（1）在实际操作中考核钢筋的平直度和质量。

（2）在实际操作考核一般基础（条形基础、独立柱基）钢筋绑扎的方法和质量要求。

（3）民用建筑中简支梁钢筋的绑扎方法和质量要求。

（4）民用建筑中简支板钢筋的绑扎方法和质量要求。

（5）民用建筑中柱、墙的绑扎方法和质量要求。

（6）单层工业厂房中独立柱钢筋的绑扎与安装。

（7）带肋钢筋挤压连接在实际操作中考核其速度和质量要求。

（8）在实际操作中考核锥螺纹钢筋接头的安装是否符合规

定。

(9) 考核钢筋在混凝土浇捣过程中位移的修复方法。

(10) 在实际操作中考核民用建筑的板式现浇钢筋混凝土的钢筋绑扎是否符合操作要求。

中级钢筋工培训计划与培训大纲

一、培训目的与要求

本计划大纲是根据建设部颁布的《建设行业职业技能标准》中级钢筋工的理论知识（应知）、操作技能（应会）要求，结合全国建设行业全面实行建设职业技能岗位培训与鉴定的要求，按照《职业技能岗位鉴定规范》中钢筋工的鉴定内容编写。

通过中级钢筋工的培训，使中级钢筋工基本掌握本等级的技术理论知识和操作技能，掌握中级钢筋工本岗位的职业要求，全面了解施工基础知识，为参加职业技能岗位鉴定做好准备，同时为升入高级钢筋工打下基础。其培训具体要求：能看懂较复杂的钢筋混凝土施工图，了解钢筋混凝土构件受力的一般理论知识和钢筋代换常识，能放钢筋大样图，会编制钢筋配料单，懂得混凝土施工缝的留设位置和要求，熟悉钢筋混凝土中钢筋施工操作程序，掌握各种钢筋混凝土结构中钢筋的配置与绑扎，了解一般预应力作业的操作方法及其锚、夹具、张拉设备的维护，具有编制施工方案的知识，会按图计算工料，会钢筋工程的质量检测和校正工作，掌握过程控制及纠正与防治质量通病的能力，具备安全生产、文明施工、产品保护的基本知识及自身安全防备能力；具有对职业道德的行为准则的遵守能力。

二、理论知识（应知）和操作技能（应会）的培训内容和要求

根据培训目的和要求，在培训过程中要严格按照本计划大纲

的培训内容及课时要求进行。适应目前建筑施工生产的状况、特点，要加强实际操作技能的训练，理论教学与技能训练相结合，教学与施工生产相结合。

培训内容与要求

1. 制图

培训内容

(1) 结构施工图的画法与步骤；

(2) 钢筋布置图的画法。

培训要求

(1) 能绘制钢筋的一般施工图，如：简支梁、板、抗风柱等；

(2) 看懂肋形楼板、框架、烟囱等钢筋混凝土施工图。

2. 建筑力学的一般理论知识

培训内容

(1) 力的基本概念；

(2) 力矩的概念及合力矩定理；

(3) 建筑结构荷载；

(4) 支座和支座反力；

(5) 建筑结构计算简图；

(6) 受力分析和受力图；

(7) 梁的内力、强度和刚度计算；

(8) 压杆稳定的基本概念。

培训要求

(1) 了解建筑力学的一般理论知识；

(2) 了解简支梁内力、强度的计算方法。

3. 常见混凝土构件受力的基本知识

培训内容

(1) 混凝土与钢筋的基本力学性能；

(2) 混凝土结构的基本设计原则；

(3) 常见混凝土构件受力的基本知识。

培训要求

（1）掌握混凝土与钢筋的基本力学性能；

（2）了解混凝土构件受力的情况。

4．钢筋的计算与代换

培训要求

（1）钢筋根数和间距的计算；

（2）弯起钢筋长度的计算；

（3）斜向钢筋的计算；

（4）曲线状钢筋的计算；

（5）吊环的选用；

（6）钢筋的代换计算；

（7）常用数据。

培训要求

（1）掌握各种接头钢筋的计算方法；

（2）了解钢筋的代换计算方法。

5．钢筋的连接

培训内容

（1）钢筋对焊工艺；

（2）电渣压力焊工艺；

（3）挤压连接工艺；

（4）锥螺纹钢筋连接工艺；

（5）钢筋的化学成分对焊接的影响；

（6）常见焊条的品种、规格和性能；

（7）焊接的技术质量要求。

培训要求

（1）了解各种焊接的操作要求和质量标准；

（2）掌握常见焊条的规格和性能。

6．钢筋的配料计算

培训内容

（1）钢筋下料长度的计算；

(2) 放钢筋大样图；

(3) 配料单与料牌；

(4) 编制配料单实例。

培训要求

(1) 掌握钢筋下料长度的计算方法；

(2) 掌握放钢筋大样图的方法并会放一般钢筋的大样图；

(3) 会编制一般钢筋的配料单。

7. 混凝土施工缝的留置和处理

培训内容

(1) 施工缝的留设位置；

(2) 在施工缝处继续浇筑混凝土的要求。

培训要求

(1) 掌握施工缝的留设位置；

(2) 掌握在施工缝处继续浇筑混凝土的操作方法。

8. 钢筋的绑扎

培训内容

(1) 钢筋绑扎的施工工艺；

(2) 钢筋网的绑扎；

(3) 预制绑扎骨架；

(4) 冷轧扭钢筋的绑扎；

(5) 预埋件的绑扎与固定。

培训要求

(1) 掌握大模板墙体钢筋绑扎的操作工艺；

(2) 掌握桩钢筋绑扎的操作工艺；

(3) 掌握现浇悬挑构件钢筋绑扎的操作工艺；

(4) 掌握现浇框架柱子钢筋绑扎的操作工艺；

(5) 掌握现浇框架梁钢筋绑扎的操作工艺；

(6) 掌握现浇框架板钢筋绑扎的操作工艺；

(7) 掌握现浇楼板钢筋绑扎的操作工艺；

(8) 掌握烟囱钢筋绑扎的操作工艺；

(9) 掌握双曲线冷却塔钢筋绑扎的操作工艺;

(10) 掌握冷轧扭钢筋的绑扎方法。

9. 预应力钢筋的施工

培训内容

(1) 预应力混凝土对原材料的要求;

(2) 先张法施工;

(3) 后张法施工;

(4) 无粘结法施工;

(5) 电热法施工。

培训要求

(1) 了解预应力混凝土对原材料的要求;

(2) 掌握先张法的施工工艺;

(3) 掌握后张法的施工工艺;

(4) 了解无粘结法施工工艺;

(5) 了解电热法张拉工艺及设备。

10. 班组管理知识

培训内容

(1) 班组管理的基本内容与任务;

(2) 班组的施工(生产)管理;

(3) 班组的材料管理;

(4) 班组的安全管理;

(5) 班组的劳动定额管理;

(6) 班组的经济核算。

培训要求

(1) 了解班组管理的基本内容与任务;

(2) 做好班组管理的基础工作;

(3) 按照班组施工(生产)、材料、劳动定额、经济核算管理的要求,做好本职工作;

(4) 遵守安全规程,做到安全生产。

11. 施工方案的编制知识

培训内容

（1）施工准备；

（2）编制施工方案的基本原则；

（3）编制施工方案的基本内容；

（4）编制施工方案的施工方法。

培训要求

（1）了解编制施工方案前应做的准备工作；

（2）了解编制施工方案的基本原则、内容和应选用的施工方法。

12. 质量与安全

培训内容

（1）钢筋工程质量检验评定的标准与方法；

（2）做好常见质量通病的防治工作；

（3）遵守安全技术规程，做好安全生产。

13. 按图计算工料

培训内容

（1）工料计算；

（2）计算的步骤和方法；

（3）用料分析。

培训要求

（1）掌握工料计算的方法；

（2）会进行工料分析。

三、培训时间和计划安排

培训时间及采取的方法，各地区可根据本地的实际情况采用不同的形式进行，但原则上做到扎实、实际、学以致用，基本保证下述计划表要求的课时；使学员通过培训掌握本职业的技术理论和操作技能。

计划课时分配表如下：

中级钢筋工培训课时分配表

序号	课　题　内　容	计划学时
1	制图	2
2	建筑力学一般知识	4
3	混凝土构件受力知识	4
4	钢筋的计算与代换	2
5	钢筋的连接	4
6	钢筋的配料计算	4
7	钢筋的绑扎	14
8	预应力钢筋的施工	36
9	混凝土施工缝的留置和处理	2
10	班组管理知识	6
11	施工方案的编制	4
12	质量和安全	6
13	按图计算工料	8
14	四新技术与工法	4
	合　计	100

四、考核内容

1．应知考试

应知考核可采用答卷形式，以是非题、选择题、计算题和问答题四种题型进行考试，具体可由各培训单位根据本教材复习题选择出题。

2．应会考试

应会考试则应根据中级钢筋工应具体掌握的操作技能要求，在以下考核内容中选择2～3项进行实际考核。

（1）在实际项目中编制简支梁的钢筋配料单。

（2）在实际项目中编制独立基础的钢筋配料单。

（3）钢筋网片的点焊。

（4）在浇捣单向板时，确定留置施工缝的位置。

（5）在浇筑有主次梁的楼板时，确定留置施工缝的位置。

（6）在实际项目中进行现浇楼盖（主、次梁、柱）的钢筋绑扎。

（7）在实际项目中绑扎大模板墙体钢筋。

(8) 编制某办公楼工程钢筋混凝土条形基础的施工方案。

(9) 先张法预应力钢筋的张拉 (可结合工程项目进行)。

(10) 后张法预应力钢筋配料 (可结合工程项目进行)。

(11) 后张法普通预应力构件、预应力筋的张拉 (可结合工程项目进行)。

(12) 冷轧扭钢筋板的绑扎。

高级钢筋工培训计划与培训大纲

一、培训目的与要求

本计划大纲是根据建设部颁布的《建设行业职业技能标准》高级钢筋工的理论知识（应知）、操作技能（应会）要求，结合全国建设行业全面实行建设职业技能岗位培训与鉴定的要求，按照《职业技能岗位鉴定规范》高级钢筋工的鉴定内容编写。

通过对高级钢筋工的培训，使高级钢筋工基本掌握本等级的技术理论知识和操作技能，掌握高级钢筋工本岗位的职业要求，全面了解施工基础知识，为参加职业技能岗位鉴定做好准备，其培训具体要求：能看懂复杂钢筋混凝土施工图，并审核图纸，了解钢筋新品种、规格和性能、掌握预应力钢筋的配料计算和施工操作方法，懂得较大规模钢筋加工工艺流程的布置，参与编制钢筋工程的施工方案，能掌握钢筋机械的操作及一般维修，能及时掌握钢筋方面的新技术动态，能解决本工种某方面质量难题及质量通病的预防治理会检查评定钢筋工程的质量工作，具有对初、中级工示范操作，传授技能的能力，具备安全生产、文明施工、产品保护的基本知识及自身安全防备能力；具有对职业道德的行为准则的遵守能力。

二、理论知识（应知）和操作技能（应会）的培训内容和要求

根据培训目的和要求，在培训过程中要严格按照本计划大纲的培训内容及课时要求进行。适应目前建筑施工生产的状况、特

点，要加强实际操作技能的训练，理论教学与技能训练相结合，教学与施工生产相结合。

培训内容与要求

1. 钢筋原材料

培训内容

(1) 进口热轧变形钢筋的品种、性能和使用；

(2) 冷轧扭钢筋的规格、性能及其检测；

(3) 冷拔低合金钢丝的规格、性能及其检测；

(4) 冷轧带肋钢筋的规格、性能及其检测。

(5) 钢筋的检验；

(6) 钢筋（丝）的试验；

(7) 钢筋的各种试验报告。

培训要求

(1) 了解冷轧扭钢筋的规格、性能及其检测；

(2) 了解低合金钢丝的规格、性能及其检测；

(3) 了解进口变形钢筋的品种、性能和使用；

(4) 掌握进口钢筋的检验方法；

(5) 了解钢筋（钢丝）的试验要求；

(6) 看懂钢材的各种试验报告。

2. 结构施工图与审核

培训内容

(1) 结构施工图；

(2) 看懂施工图的要点；

(3) 结构施工图的审核。

培训要求

(1) 了解结构施工图的种类和内容；

(2) 掌握看懂施工图的要点；

(3) 能审核结构施工图。

3. 预应力钢筋的配料计算和施工

培训内容

(1) 预应力钢筋的设备及配料计算；
(2) 冷拔钢丝施工；
(3) 预应力板柱结构施工；
(4) 大跨度无粘结预应力梁、板结构施工；
(5) 预应力混凝土结构构件的构造规定；
(6) 先张法张拉机具的校验。
培训要求
(1) 掌握预应力钢筋的配料计算方法；
(2) 掌握冷拔钢丝的施工方法；
(3) 掌握整体预应力结构的预应力作业（大跨度无粘结）；
(4) 掌握整体预应力框架结构的预应力作业；
(5) 了解预应力混凝土结构构件的构造规定；
(6) 了解先张法张拉机具的校验方法。
4. 简单的混凝土构件的有关规定
培训内容
简单的混凝土构件的有关规定。
培训要求
(1) 掌握混凝土板、梁、柱中钢筋配置的基本要求；
(2) 了解剪力墙结点钢筋的配置要求。
5. 钢筋加工机械和焊接机械
培训内容
(1) 钢筋冷加工机械；
(2) 钢筋焊接机械；
(3) 钢筋成型加工机械；
(4) 部分机械的常见故障及排除方法。
培训要求
(1) 掌握冷加工机械的性能并会选用；
(2) 了解钢筋焊接机械的种类与性能；
(3) 掌握成型加工机械的性能并会选用。
6. 特殊结构的钢筋施工

培训内容

(1) 水池;

(2) 地下室(箱形基础);

(3) 大模板;

(4) 滑动模板(滑模)。

培训要求

(1) 能组织水池的施工;

(2) 能组织地下室的施工;

(3) 了解大模板的施工工艺并能组织施工;

(4) 了解滑动模板的施工工艺并能组织施工。

7. 钢筋工程的施工组织

培训内容

(1) 班组管理与施工组织;

(2) 钢筋工程的施工进度计划。

培训要求

(1) 会组织钢筋班组施工;

(2) 会编制钢筋工程的施工计划。

8. 钢筋加工工艺的布置

培训内容

(1) 钢筋加工工艺生产流程;

(2) 钢筋加工各生产环节的工作要求。

培训要求

(1) 了解钢筋加工工艺生产流程;

(2) 掌握钢筋加工各生产环节的工作要求。

9. 班组工程质量及质量管理

培训内容

(1) 工程质量的检查与管理;

(2) 全面质量管理的基础知识;

(3) ISO9000 与全面质量管理。

培训要求

(1) 参与班组的管理检查与管理工作；
(2) 掌握全面质量管理中的工程质保体系。

10. 质量与安全

培训内容

(1) 质量检查与评定；
(2) 常见质量通病与防治；
(3) 工程验收；
(4) 安全技术。

培训要求

(1) 掌握钢筋工程质量检验评定的标准与方法；
(2) 做好常见通病的质量防治工作；
(3) 参与班组的工程验收；
(4) 遵守和监督执行安全技术规定，做到安全生产。

三、培训时间和计划安排

培训时间及采取的方法，各地区可根据本地的实际情况采用不同的形式进行，但原则上做到扎实、实际、学以致用，基本保证下述计划表要求的课时；使学员通过培训掌握本职业的技术理论和操作技能。

计划课时分配表如下：

高级钢筋工培训课时分配表

序号	课题内容	计划学时
1	钢筋原材料	4
2	结构施工图与审核	20
3	预应力钢筋的配料计算与施工	24
4	混凝土构件的有关规定	5
5	钢筋加工机械和焊接机械	5
6	特殊结构的钢筋施工	4
7	钢筋工程的施工组织	3
8	钢筋加工工艺的布置	3
9	班组工程质量和质量管理	3
10	质量与安全	4
11	四新技术与工法	5
	合　计	80

四、考 核 内 容

1.应知考试

应知考核可采用答卷形式，以是非题、选择题、计算题和问答题四种题型进行考试，具体可由各培训单位根据本教材复习题选择出题。

2.应会考试

应会考试则应根据高级钢筋工应具体掌握的试验操作技能要求，在以下考核内容中选择2～3项进行实际考核。

（1）审核多层框架结构图。

（2）审核高层框架结构图。

（3）审核框架剪力墙结构施工图。

（4）现场检验进口钢筋是否能使用。

（5）在整体预应力板柱结构体系中的预应力筋张拉。

（6）水池的钢筋施工。

（7）箱形基础的钢筋施工。

（8）铺设冷轧扭钢筋。

初级木工培训计划与培训大纲

一、培训目的与要求

本计划大纲是根据建设部颁布的《建设行业职业技能标准》初级木工的理论知识（应知）和操作技能（应会）要求，结合全国建设行业全面实行建设职业技能岗位培训与鉴定的要求，按照《职业技能岗位鉴定规范》初级木工的鉴定内容编写的。编写的原则是：面向施工生产和提高建设系统职工的整体素质，实行按需施教，学以致用。

通过对初级木工的培训，使初级木工全面掌握本等级的技术理论和操作技能；掌握初级木工本岗位的职业要求；全面了解施工基础知识，为参加建设职业技能岗位鉴定做好准备，同时为升入中级木工打下良好的基础。

培训的具体要求是：掌握建筑识图和房屋构造的基本知识；了解和掌握常用材料与化学胶料的性能和用途及木材防腐、干燥方法；掌握常用木工机械、工具的使用方法与维修；掌握木工基本操技能；了解 12m 内木屋架的制作、安装方法，掌握木门窗的制作方法及安装；掌握一般基础、梁柱、阳台、雨篷模板和一般预制构件模板、组装钢模板的安装和拆除方法；了解一般装修工程的施工方法；具备安全生产、文明施工、产品保护的基本知识及自身安全防备能力；具有对职业道德的行为准则的遵守能力。

二、理论知识（应知）和操作技能（应会）的培训内容和要求

根据培训目的和要求，在培训过程中要严格按照本大纲的培训内容及课时要求进行，坚持理论教学与技能训练相结合，教学与生产相结合，加强操作技能的训练。

培训内容与要求

1.建筑识图与房屋构造

培训内容

（1）房屋建筑制图统一标准及有关规定；

（2）施工图的用途、分类及识图步骤；

（3）民用建筑构造；

（4）工业建筑构造。

培训要求

（1）能看懂与本职业有关的分部分项施工图；

（2）了解房屋构造的基本知识；

（3）了解建筑图纸的分类、构配件代号。

2.常用材料和化学胶料

培训内容

（1）常用木材及人造板材的种类、性能、用途及其防腐处理方法；

（2）木材疵病的鉴别；

（3）木材和成品变形的预防及弥补；

（4）木材的干燥；

（5）常用化学胶料的性能和使用。

培训要求

（1）了解常用木材、人造板材的种类、性能及用途；

（2）掌握木材疵病，如活节、死节、虫眼、髓心、裂缝、斜纹、油眼等的鉴别；

(3) 了解防腐剂的种类和使用方法；
(4) 了解木材的天然及人工干燥法；
(5) 掌握各种化学胶料的种类、用途与保管。
3. 常用木工手工工具的操作与维修
培训内容
(1) 划线工具的种类与操作；
(2) 砍削锯割工具的种类与操作；
(3) 刨削工具的种类与操作；
(4) 刨削工具的构造和修磨拆装技术；
(5) 凿孔工具和钻孔工具的分类与操作；
(6) 其他工具的操作。
培训要求
(1) 了解手工工具的种类和用途；
(2) 掌握修、磨、拆、装手工工具如锯、刨、斧、凿等；
(3) 掌握手工工具操作技术要领。
4. 常用木工机械的操作
培训内容
(1) 常用木工机械的种类、性能及其操作；
(2) 常用木工机械的构造原理及常见故障的处理方法。
培训要求
(1) 了解常用木工机械的构造原理、性能、故障原因和处理方法。
(2) 掌握常用木工机械的安全操作。
5. 配料、榫的拚缝制作及配件
培训内容
(1) 一般配料常识；
(2) 各种拚板缝的方法；
(3) 各种榫头的制作方法及使用部位。
培训要求
(1) 了解配料原则及常识；

(2) 掌握拚板缝、各种榫头制作及使用部位。

6. 木结构、木制品工程

培训内容

(1) 12m 以下木屋架的制作工艺和方法；

(2) 木门窗的制作、安装。

培训要求

(1) 了解 12m 以下木屋架的构造、放样、制作、安装；

(2) 掌握木门窗的制作及安装工艺，了解门窗五金配件的规格、使用范围和安装方法；

(3) 掌握门窗制作和安装质量要求和安全事项。

7. 模板工程

培训内容

(1) 模板的种类及要求；

(2) 模板的配制方法。

培训要求

(1) 了解各种类型的模板的构造特点和使用范围；

(2) 了解钢木模板的配制和安装的基本方法；

(3) 掌握一般基础、梁柱、阳台、雨篷模板和一般预制构件模板、组装钢模板的安装和拆除技术。

8. 装修工程

培训内容

(1) 木吊顶；

(2) 地面的铺贴。

培训要求

(1) 了解木吊顶的构造及施工方法；

(2) 能摆放楼、地板龙骨、铺、刨企口地板和钉窗脚板；

(3) 能铺设塑料、纤维地板；

(4) 能安装塑料扶手。

三、培训时间和计划安排

培训时间及采取的方法，各地区可根据本地的实际情况采用不同形式进行，但原则上应做到扎实、实际、学以致用，基本保证下述计划表要求的课时，通过培训使学员掌握本职业的技术理论知识和操作技能。

计划课时分配表如下：

初级木工培训课时分配表

序号	课　题　内　容	计划学时
1	建筑识图与房屋构造	14
2	常用材料与化学胶料	10
3	常用木工手工工具的操作与维修	20
4	常用木工机械操作	14
5	配料、拚缝及榫头制作方法	20
6	木结构、木制品工程	16
7	模板工程	14
8	装修工程	12
	合　计	120

四、考核内容

1. 应知考试

各地区教育培训单位，可以根据教材中各部分的复习题，选择出题进行考试。可采用判断题、选择题、填空题和问答题等形式。

2. 应会考试

各地区培训考核单位，可根据本地区的实际情况和建筑施工特点，在以下考核项目中选择1～2项进行考核。

（1）拚板缝四条（板厚20mm，长2m）。

（2）制作二横一竖窗扇。

（3）制作安装普通半截玻璃门。

（4）安装杯形基础钢模板。

（5）制作安装雨篷模板。

（6）钢筋混凝土屋架模板的放样。

中级木工培训计划与培训大纲

一、培训目的与要求

本计划大纲是根据建设部颁布的《建设行业职业技能标准》中级木工的理论知识（应知）和操作技能（应会）要求，结合全国建设行业全面实行建设职业技能岗位培训与鉴定的要求，按照《职业技能岗位鉴定规范》中级木工的鉴定内容编写的。编写的原则是：面向施工生产和提高建设系统职工的整体素质，实行按需施教，学以致用。

通过对中级木工的培训，使中级木工全面掌握本等级的技术理论和操作技能；掌握中级木工本岗位的职业要求；全面了解施工基础知识，为参加建设职业技能岗位鉴定做好准备，同时为升入高级木工打下良好的基础。

培训的具体要求是：掌握建筑制图的基本知识；了解建筑制图的基本知识；掌握木楼梯、栏杆的制作方法和木屋架的吊装方法；掌握复杂门窗、木装修和屋面工程的施工方法；了解模板设计知识；掌握大模板及滑模的施工方法；掌握制作、安装各种设备基础模板的施工方法；掌握班组管理知识；具备安全生产、文明施工、产品保护的基本知识及自身安全防备能力；具有对职业道德的行为准则的遵守能力。

二、理论知识（应知）和操作技能（应会）的培训内容和要求

根据培训目的和要求，在培训过程中要严格按本计划大纲的

培训内容及课时要求进行，坚持理论教学与技能训练相结合，教学与生产相结合，加强操作技能的训练。

培训内容与要求

1. 建筑制图与识图

培训内容

(1) 建筑施工图的识读；

(2) 结构施工图的识读。

培训要求

(1) 了解建筑结构施工图的内容；

(2) 能看懂较复杂的钢筋混凝土图和装饰施工图；

(3) 能正确理解节点大样中的构造原理；

(4) 熟悉吊顶、楼地面、墙面装饰中的放线工作。

2. 建筑力学知识

培训内容

(1) 力学的基本知识；

(2) 平面力系的平衡条件；

(3) 构件承载力计算的基本知识；

(4) 结构组成几何不变体系的基本条件。

培训要求

(1) 能画出构件受力图；

(2) 能进行简单的平面力系及构件的内力计算；

(3) 了解机构的稳定条件。

3. 水准测量

培训内容

(1) 水准仪的使用方法及其构造；

(2) 水准仪的维护、保养；

(3) 一般工程的抄平、放线。

培训要求

(1) 了解水平仪的构造及工作原理；

(2) 会进行水平仪的维护与保养；

(3) 能在一般工程中进行抄平、放线、复核，立皮数杆。

4. 木结构工程

培训内容

(1) 木结构制作、安装的一般要求；

(2) 12m 以上木屋架的制作。

培训要求

(1) 了解 12m 以上木屋架的制作、安装工艺；

(2) 了解木结构制作和安装的质量要求和安全事项。

5. 门窗工程

培训内容

(1) 各种复杂门窗框、扇的制作与安装；

(2) 吊顶、门窗框贴脸、多线护墙板的制作与安装；

(3) 木楼梯栏板、木扶手弯头的制作、安装。

培训要求

(1) 制作安装复杂的门窗，维修较复杂的门窗五金配件，熟悉铝合金材料的性能及应用范围；

(2) 能制作安装木楼梯、栏板、木扶手弯头；

(3) 能制作门窗贴脸及多线护墙板。

6. 模板工程

培训内容

(1) 模板及混凝土强度增长的基本知识；

(2) 各种现浇和预制模板的安装及拆除；

(3) 大模板滑模的制作安装及拆除。

培训要求

(1) 了解模板设计荷载的基本知识、模板的构造原理、了解模板刚度设计原理、混凝土强度增长知识和拆模期限；

(2) 掌握较复杂结构模板的计算配料方法及放大样配料方法；

(3) 掌握工程结构模板的质量要求和安全事项。

7. 装修工程

培训内容

（1）各种木地板铺设；

（2）轻钢龙骨石膏板隔墙的安装；

（3）轻钢龙骨石膏板吊顶。

培训要求

（1）了解各种地面构造、掌握木地板的铺设；

（2）掌握轻钢龙骨石膏板隔墙安装方法；

（3）掌握轻钢龙骨石膏板的吊顶。

三、培训时间和计划安排

培训时间及采取的方法，各地区可根据本地的实际情况采用不同形式进行，但原则上应做到扎实、实际、学以致用，基本保证下述计划表要求的课时；使学员通过培训掌握本职业的技术理论知识和操作技能。

计划课时分配表如下：

中级木工培训课时分配表

序号	课 题 内 容	计划学时
1	建筑制图与识图	16
2	建筑力学知识	16
3	水准测量	10
4	木结构工程	10
5	门窗工程	10
6	模板工程	20
7	装修工程	18
	合 计	100

四、考核内容

1. 应知考试

各地区教育单位，可以根据教材中各部分的复习题，选择出题进行考试，可采用判断题、选择题、填空题和问答题等形式。

2. 应会考试

各地区培训考核单位，可根据本地区的实际情况和建筑工程施工特点，在以下项目中选择1～2项进行考核。

(1) 制作、安装一般楼梯模板。

(2) 制作、安装木门窗。

(3) 制作、安装木扶手弯头。

(4) 空铺硬木拼花地板。

(5) 安装轻钢龙骨石膏板吊顶。

(6) 制作、安装圆形窗扇。

(7) 制作六角百叶窗扇。

(8) 制作、安装各种异形模板。

(9) 安装铝合金门窗。

高级木工培训计划与培训大纲

一、培训目的与要求

本计划大纲是根据建设部颁布的《建设行业职业技能标准》高级木工的理论知识（应知）和操作技能（应会）要求，结合全国建设行业全面实行建设职业技能岗位培训与鉴定的要求，按照《职业技能岗位鉴定规范》高级木工的鉴定内容编写的。编写的原则是：面向施工生产和提高建设系统职工的整体素质，实行按需施教，学以致用。

通过对高级木工的培训，使高级木工全面掌握本等级的技术理论知识和操作技能，掌握高级木工本岗位的职业要求，全面了解施工基础知识，为参加建设职业技能岗位鉴定做好准备。

培训的具体要求：看懂本职业中复杂的施工图；懂得建筑结构的基本理论知识；掌握旋转楼梯的施工方法；了解模板工艺设计的一般原理及进行模板施工工艺设计的知识；掌握较复杂装饰工程的施工方法；具备安全生产、文明施工、产品保护的基本知识及自身安全防备能力；具有对职业道德的行为准则的遵守能力。

二、理论知识（应知）和操作技能（应会）的培训内容和要求

根据培训目的和要求，在培训过程中要严格按照本计划大纲的培训内容及课时要求进行。适应目前建筑施工生产的状况、特点，要加强实际操作技能的训练，理论教学与技能训练相结合，

教学与施工生产相结合。

培训内容与要求

1. 建筑制图与识图

(1) 工业厂房建筑施工图的识读;

(2) 图纸会审。

培训要求

(1) 能看懂复杂模板、木装修施工图及各种木制品图纸;

(2) 能看懂常用木工机械图,了解其构造;

(3) 了解图纸会审的要求、顺序;

(4) 能进行本工种的图纸施工整理工作。

2. 建筑结构

(1) 建筑混凝土结构的基本知识;

(2) 砖混结构的基本知识。

培训要求

(1) 掌握钢筋混凝土结构的力学性能;钢筋的种类及力学性能;

(2) 掌握混凝土强度的基本知识,施工的质量标准;

(3) 了解砖混结构基本知识及其优缺点。

3. 旋转楼梯

培训内容

(1) 旋转楼梯模型的解析;

(2) 旋转楼梯的支模方法;

(3) 旋转楼梯栏杆、扶手的制作 。

培训要求

(1) 掌握旋转楼梯模型的解析计算、定位方法等;

(2) 掌握旋转楼梯放大样方法、能进行旋转楼梯的施工;

(3) 能制作、安装旋转楼梯的栏杆、扶手。

4. 模板施工工艺基础

培训内容

(1) 模板工艺设计基础;

(2) 模板施工工艺类型、强度方面的设计。

培训要求

了解模板工艺设计的一般原理，会进行模板施工工艺的设计。

5. 装饰工程

培训内容

(1) 装饰工艺设计基础；

(2) 艺术吊顶；

(3) 隔断。

培训要求

(1) 了解装饰施工工艺设计的一般原理；

(2) 对当今采用的艺术吊顶有大致的了解；

(3) 了解隔断中支撑结构的构造原理，能进行各种常用面层材料的铺设。

三、培训时间和计划安排

培训时间及采取的方法，各地区可根据本地的实际情况采用不同形式进行，但原则上应做到扎实、实际、学以致用，基本保证下述计划表要求的课时；使学员通过培训掌握本职业的技术理论知识和操作技能。

计划课时分配表如下：

高级木工培训课时分配表

序号	课　题　内　容	计划学时
1	建筑制图与识图	12
2	建筑结构	12
3	旋转楼梯	16
4	模板施工工艺设计	20
5	装饰工程	20
	合　计	80

四、考核内容

1. 应知考试

各地区教育单位，可以根据教材中各部分的复习题，选择出题进行考试，可采用判断题、选择题、填空题和问答题等形式。

2. 应会考试

各地区培训考核单位，可根据本地区的实际情况和建筑工程施工特点，在以下项目中选择 1～2 项进行考核。

（1）制作螺旋型木楼梯模型。

（2）安装比较复杂的吊顶。

（3）制作、安装活动隔断。

（4）制作建筑小区模型。

初级油漆工培训计划与培训大纲

一、培训目的与要求

本计划大纲是根据建设部颁布的《建设行业职业技能标准》初级油漆工的理论知识（应知）和操作技能（应会）要求，结合全国建设行业全面实行建设职业技能岗位培训与鉴定的要求，按照《职业技能岗位鉴定规范》初级油漆工的鉴定内容编写的。

通过对油漆工的培训，使初级油漆工全面掌握本等级的理论知识和操作技能，掌握初级油漆工岗位的职业要求，全面了解涂饰的基础知识，为参加建设职业技能岗位鉴定做准备，同时为升入中级油漆工打下基础。培训的具体要求：初步会看简单的施工图，懂得房屋构造的基本知识及与本工种的关系；了解一般建筑材料的基本性能、使用方法应用部位；通过操作训练，掌握操作的基本技术；会调配常用腻子；会处理常见物面基层；会涂饰普通水性和溶剂型涂料；了解涂饰工程的质量的一般规定、主要控制项目和一般要求；具备安全和防护知识。

二、理论知识（应知）和操作技能（应会）培训内容和要求

根据培训目的和要求，在培训过程中要严格按照本主划大纲的培训内容及课时要求进行，适应目前建筑施工的需要，重点放在实际操作技能训练方面，做到理论教学与技能训练相结合，教学与施工相结合。

培训内容与要求

1. 房屋构造与建筑识图

培训内容

(1) 房屋建筑的构造的基本组成和作用;

(2) 房屋构造与本工种的关系;

(3) 施工图尺寸标注;

(4) 常用建筑材料及配件图例和构、配件代号。

培训要求

(1) 了解一般民用建筑的房屋构造基本组成和作用;

(2) 了解房屋构造与本工种的关系;

(3) 了解尺寸标注的表达方式;

(4) 了解常用建筑材料及配件图例和构、配件代号。

2. 一般常用材料

培训内容

(1) 涂料;

(2) 腻子;

(3) 玻璃、镶嵌材料;

(4) 壁纸、胶粘剂(胶水)。

培训要求

(1) 了解涂料的功能、组成、分类;

(2) 熟悉腻子的组成材料及各组成材料的作用;

(3) 熟悉玻璃的品种、适用部位、发展趋势、运输和保管方面的知识;

(4) 熟悉油灰质量的鉴别方法;

(5) 了解壁纸的分类;

(6) 了解胶粘剂的作用及主要品种。

3. 常用工具、机械及其使用维护

培训内容

(1) 涂饰常用工具、机具;

(2) 裁装门窗玻璃常用工具;

(3) 裱糊常用的工具。

培训要求

(1) 掌握基层处理的工具使用方法；

(2) 掌握一般施涂机械、机具的使用；

(3) 掌握喷涂等及其他小型机具的使用与维护；

(4) 掌握裁装门窗玻璃常用工具的使用办法；

(5) 掌握裱糊工具的使用方法。

4. 腻子、大白浆、石灰浆、虫胶漆的调配

培训内容

(1) 常用腻子的调配；

(2) 大白浆的调配；

(3) 石灰浆的调配；

(4) 虫胶漆的调配。

培训要求

(1) 掌握腻子材料的选用及调配方法；

(2) 掌握大白浆、石灰浆的调配；

(3) 熟悉虫胶漆的调配。

5. 基层的处理

培训内容

(1) 常见基层性能特征；

(2) 基层处理的主要方法；

(3) 木质面的基层处理；

(4) 水泥面的基层处理；

(5) 石灰浆面的基层处理；

(6) 金属面的基层的处理；

(7) 旧涂膜基层的处理。

培训要求

(1) 熟悉基层处理的主要方法；

(2) 掌握常见基层的处理方法。

6. 施涂工艺技法

培训内容

（1）清除基层的操作要领；
（2）嵌批腻子的操作要领；
（3）打磨的操作要领；
（4）常见涂料的刷涂方法。
培训要求
（1）掌握清除基层，嵌批腻子，打磨的操作方法；
（2）掌握一般水性、溶剂型涂料的操作要领。
7. 施涂质量控制
（1）工种之间交接的鉴定；
（2）施涂环境的控制。
培训要求
（1）了解工种之间交接鉴定与施涂质量的关系；
（2）了解气象环境对施涂质量的影响；
（3）了解涂料用量对施涂质量的影响。
8. 溶剂型涂料施涂工艺
培训内容
（1）木质表面施涂色、清漆主要工序；
（2）木门窗色、清漆施涂工艺；
（3）旧门窗施涂；
（4）顶棚色、清漆施涂；
（5）金属面色漆施涂；
（6）木地板色、清漆施涂；
（7）抹灰面色漆施涂。
培训要求
（1）掌握木门窗色清、漆施涂工艺；
（2）掌握旧木门窗施涂工艺；
（3）掌握钢门窗色漆施涂工艺；
（4）掌握镀锌铁皮色漆施涂工艺；
（5）掌握顶棚色、清漆施涂工艺；
（6）掌握木地板色、清漆施涂工艺；

(7) 掌握抹灰面色漆施涂工艺。

9. 水性涂料施涂工艺

培训内容

(1) 刷涂和喷涂石灰浆;

(2) 大白浆、106、803 涂料的施涂;

(3) 乳胶漆施涂。

培训要求

(1) 掌握大白浆、106、803 涂料施涂工序及操作工艺;

(2) 掌握室内外乳胶漆的施涂工艺。

10. 裱糊工艺

培训内容

(1) 基层处理;

(2) 裱糊壁纸主要工序及操作工艺。

培训要求

(1) 掌握基层处理的方法;

(2) 掌握裱糊壁纸主要操作要领。

11. 玻璃裁装工艺

培训内容

(1) 玻璃的加工;

(2) 木门窗玻璃安装;

(3) 玻璃的运输与保管。

培训要求

(1) 掌握玻璃裁割和磨边技术;

(2) 掌握木门窗玻璃的裁装方法;

(3) 掌握玻璃运输知识和保管方法。

12. 质量要求

培训内容

(1) 涂饰工程基层处理的一般规定;

(2) 水性、溶剂型涂料涂饰工程一般质量要求;

(3) 裱糊工程质量的一般要求;

(4) 玻璃安装工程质量的一般要求。

培训要求

了解涂饰工程、裱糊工程、玻璃安装工程一般的质量要求。

13. 质量通病及防治

培训内容

(1) 涂饰工程质量通病及防治;

(2) 裱糊工程质量通及防治;

(3) 门窗玻璃安装工程质量通病及防治。

培训要求

(1) 了解一般质量通病的产生原因;

(2) 熟悉一般质量通病的防治方法。

14. 安全与防护

培训内容

防火、防毒、防尘、防伤、防坠安全知识。

培训要求

掌握安全保护的措施和方法。

三、培训时间和计划安排

培训时间及采取的方法,各地区根据本地区性实际情况,采用不同形式进行,但原则上应做到扎实、实际、学以致用,基本保证下述计划表要求的学时,使学员通过培训掌握本职业的理论知识和实际操作技能。

计划课时分配表如下:

初级油漆工培训课时分配表

序号	课 题 内 容	计划学时
1	房屋构造与建筑识图	4
2	一般常用材料	10
3	常用工具、机具及其使用维护	4

续表

序号	课题内容	计划学时
4	腻子、大白浆、石灰浆、虫胶漆的调配	8
5	基层的处理	4
6	施涂工艺技法	16
7	施涂质量控制	4
8	溶剂性涂料施涂工艺	20
9	水性涂料施涂工艺	20
10	裱糊工艺	12
11	玻璃裁装工艺	6
12	质量要求	4
13	质量通病及防治	4
14	安全与防护	4
	合　计	120

四、考核内容

1. 应知考试

各地区教育培训单位，可以根据教材中的复习题，选择出题。题型可采取单项、多项选择题形式。

2. 应会考试

各地区培训考核单位，可根据本地区的实际情况和建筑工程施工特点，在以下考核项目中选择3～5项进行考核。

（1）调配石膏油腻子和胶油腻子。

（2）调配石灰浆和大白浆。

（3）木材面清漆施涂。

（4）木材面色施涂漆。

（5）钢门窗色漆（深色）施涂。

（6）镀锌金属面基层处理。

（7）抹灰面色漆（浅色）施涂。
（8）室外墙面施涂乳胶漆。
（9）顶棚施涂乳胶漆。
（10）抹灰面上裱糊一般壁纸。
（11）顶棚抹灰面上裱糊一般壁纸。
（12）钢门、窗上安装普通玻璃。
（13）木门、窗上安装普通玻璃。
（14）按给定的尺寸裁矩型玻璃。
（15）清除旧涂层。

中级油漆工培训计划与培训大纲

一、培训目的与要求

本计划大纲是根据建设部颁布的《建设行业职业标准》中级油漆工的理论知识（应知）和操作技能（应会）要求，结合全国建设行业全面实行建设职业技能岗位培训与鉴定的要求，按照《职业技能岗位鉴定规范》中级油漆工的鉴定内容编写。

通过对中级油漆工的培训，使中级油漆工全面掌握本等级的理论知识和操作技能，达到中级油漆工本岗位的职业要求，为参加建设职业技能岗位鉴定做好准备，同时为升入高级油漆工打下基础。培训具体要求：掌握识读建筑施工图要点；了解建筑色彩的基本知识；了解涂料成膜与成活质量的关系；熟悉特种涂料的性能；掌握各色涂料和着色剂的调配方法和要点；掌握溶剂型和水性涂料的施涂工艺；掌握弹、滚、喷、刷涂工艺和特种涂料施涂工艺；掌握壁纸裱糊和玻璃裁装工艺；熟悉涂饰工程、裱糊工程、门窗工玻璃安装工程的质量主控项目和一般质量要求。掌握质量通病防治方法，具备安全与防护知识。

二、理论知识（应知）和操作技能（应会）的培训内容和要求

根据培训目的和要求，在培训过程中要严格按照本计划大纲的培训内容及课时要求进行，适应目前建筑施工的需要，重点放

在实际操作技能的训练方面，做到理论教学与技能训练相结合，教学与施工生产相结合。

培训内容与要求

1. 房屋构造与建筑识图

培训内容

（1）识读建筑施工图；

（2）建筑装饰艺术图案。

培训要求

（1）熟悉识读建筑施工图的方法和要点；

（2）掌握图案构成的特点。

2. 建筑色彩

培训内容

建筑色彩。

培训要求

（1）了解色彩的属性，三原色、间色、复色的相互关系；

（2）了解运用建筑色彩的主要原则。

3. 一般常用材料

培训内容

（1）涂料的成膜与成活质量；

（2）建筑涂料的选择。

培训要求

（1）熟悉涂膜的类型和成膜方式；

（2）熟悉影响涂膜质量的主要因素；

（3）掌握建筑涂料的选择条件。

4. 施涂工艺技法

培训内容

（1）调配；

（2）擦涂；

（3）漆擦；

(4) 喷涂；
(5) 滚涂。
培训要求
(1) 掌握调色的方法；
(2) 掌握水色、酒色、油色的色配方法；
(3) 掌握擦涂工序及操作工艺；
(4) 熟悉漆擦的特点及工具的选用；
(5) 掌握常见的喷涂方法和注意事项；
(6) 掌握滚涂工具的选用和操作工艺。
5. 施涂质量控制
培训内容
工种之间交接的鉴定。
培训要求
熟悉工种交接验收的基本条件。
6. 溶剂型涂料施涂工艺
培训内容
(1) 木地板虫胶漆打蜡；
(2) 聚氨酯彩色涂料刷亮与磨退；
(3) 亚光涂料施涂；
(4) 喷漆施涂。
培训要求
(1) 掌握木地板虫胶漆打蜡主要工序及操作要点；
(2) 掌握聚酯彩色涂料刷亮与磨退的工序及操作工艺；
(3) 掌握亚光涂料施涂工序及操作工艺；
(4) 掌握喷涂工序及操作工艺。
7. 弹、滚、喷、刷饰工艺
培训内容
(1) 彩弹装饰；
(2) 彩弹与滚花组合装饰；
(3) 喷花、刷花装饰。

培训要求

（1）掌握彩弹装饰操作工艺及要点；

（2）掌握喷花和刷花操作要领。

8．美术涂饰工艺

培训内容

（1）划线；

（2）喷花、漏花；

（3）仿石纹；

（4）仿木纹。

培训要求

掌握划线、喷花、漏花、仿石纹、仿木纹，一般工艺要求和操作的注意事项。

9．特种涂料施涂工艺

培训内容

（1）防水涂料施涂；

（2）防火涂料施涂；

（3）防腐涂料施涂；

（4）防霉涂料施涂。

培训要求

（1）掌握特种涂料对基层和环境的要求；

（2）掌握特种涂料工序、操作工艺和注意事项。

10．新型涂料涂饰工艺

培训内容

（1）内墙多彩涂料施涂；

（2）外墙高级喷磁型涂料施涂；

（3）外墙砂壁状涂料施涂。

培训要求

（1）掌握内墙外彩涂料涂饰工序及操作工艺；

（2）掌握外墙高级喷磁型涂料涂饰工序及操作工艺；

（3）掌握外墙砂壁状涂料涂饰工序及操作工艺。

11. 玻璃裁装工艺

培训内容

(1) 玻璃的加工；

(2) 钢门窗玻璃安装；

(3) 铝合金门窗玻璃安装。

培训要求

(1) 掌握玻璃挖洞、钻孔、开槽工艺；

(2) 掌握钢门窗玻璃安装工艺；

(3) 掌握铝合金门窗玻璃安装工艺。

12. 传统油漆、古建筑油漆、彩画工艺

培训内容

传统油漆施涂工艺

培训要求

(1) 掌握退光漆（推光漆）磨退工艺；

(2) 掌握广漆、红木楷漆、香红木楷漆、仿红木楷漆施涂工艺。

13. 质量要求

培训内容

(1) 美术涂饰工程质量和主控项目；

(2) 美术涂饰工程质量的一般要求。

培训要求

熟悉美术涂饰工程质量的主控项目和一般要求。

三、培训时间和计划安排

培训时间及采取的方法，各地区可根据本地的实际情况采用不同形式进行，但原则上应做到扎实、实际、学以致用，基本保证下述计划要求的课时；使学员通过培训掌握本职业的理论知识和操作技能。

计划课时分配表如下：

中级油漆工培训课时分配表

序号	课 题 内 容	计划学时
1	识读建筑施工图，建筑装饰艺术图案	4
2	建筑色彩	4
3	涂料的成膜与成活质量、涂料的选择	4
4	施涂工艺技法（调配、擦涂、漆擦、喷涂、滚涂）	16
5	施涂质量控制	4
6	溶剂型涂料施涂工艺	16
7	弹、滚、喷、刷涂饰工艺	12
8	美术涂饰工艺	4
9	特种涂料施涂工艺	8
10	新型涂料涂饰工艺	8
11	玻璃加工、钢门窗、铝合金门窗玻璃安装	8
12	传统油漆施涂工艺	8
13	质量要求（美术涂饰工程质量主控项目和一般要求）	4
	合 计	100

四、考 核 内 容

1. 应知考试

各地区教育培训单位，可以根据教材中的复习题，选择出题。题型可采用单项、多项选择题形式。

2. 应会考试

各地区培训考核单位，可根据本地区的实际情况和建筑工程施工特点，在以下考核项目中选择3～5项进行考核。

（1）抹灰表面施涂无光漆。

（2）硬木地板上施涂虫胶漆打蜡。

（3）金属面上喷白色硝基漆。

（4）楼梯木扶手上基面上施涂深色聚氨酯清漆磨退。

（5）在墙面上施涂防火涂料。

（6）在污染的墙面上施涂防霉涂料。

（7）在内墙抹灰面上涂饰小花（色彩自选）细点弹涂。

（8）裁划安装铝合金门窗玻璃。

（9）木材基面上施涂亚光清漆。

（10）木材面进行广漆涂饰。

高级油漆工培训计划与培训大纲

一、培训目的与要求

本计划大纲是根据建设部颁布的《建设行业职业技能标准》高级油漆工的理论知识（应知）和操作技能（应会）要求，结合全国建设行业全面实行建设职业技能岗位培训与鉴定的要求，按照《职业技能岗位鉴定规范》高级油漆工的鉴定内容编写的。

通过对高级油漆工的培训，使高级油漆工全面掌握本等级的理论知识和操作技能，达到高级油漆工岗位的职业要求，为参加建设职业技能岗位鉴定做好准备。培训具体要求：熟悉审核与本工种有关施工图要求：了解建筑色彩的形态特征和功能，掌握绸缎裱糊工艺，古建筑油漆操作工艺，古建筑彩画；掌握质量通病的防治方法；掌握安全和防护知识。

二、理论知识（应知）和操作技能（应会）的培训内容和要求

根据培训目的和要求，在培训过程中要严格按照本计划大纲的培训内容及课时要求进行，适应目前建筑施工的需要，重点放在实际操作技能的训练方面，做到理论教学与技能培训相结合，教学与施工生产相结合。

培训内容与要求

1. 审核施工图

培训内容

审核施工图的要点。

培训要求

掌握与本工种有关施工图审核的要点。

2. 建筑色彩

培训内容

建筑色彩形态特征和功能。

培训要求

了解建筑色彩形态特征和功能。

3. 裱糊工艺

培训内容

裱糊绸缎。

培训要求

掌握裱糊绸缎的工序及操作工艺。

4. 玻璃裁装工艺

培训内容

(1) 幕墙玻璃安装;

(2) 镜面玻璃安装;

(3) 栏板玻璃安装。

培训要求

(1) 熟悉幕墙玻璃安装的基本要求;

(2) 掌握镜面玻璃安装方法及工艺要求;

(3) 掌握栏板玻璃安装方法及工艺要求。

5. 古建筑油漆、彩画工艺

培训内容

(1) 古建筑油漆、彩画常用材料;

(2) 油漆施涂;

(3) 古建筑油漆其他做法;

(4) 彩画。

培训要求

(1) 了解常用材料的种类、性能、作用;

(2) 熟悉地仗处理基本工序及操作工艺;

(3) 掌握清油饰面（油皮饰面）的工序及操作要领；
(4) 掌握云盘线、两柱香的做法；
(5) 掌握刻推字、扫青、扫绿、扫蒙金石的工艺要点；
(6) 掌握扫金、贴金的操作工艺和质量要求；
(7) 掌握彩画的工序及操作工艺。

6. 质量要求

培训内容

(1) 涂饰工程基层处理的一般规定；
(2) 水性涂料、溶剂性涂料工程质量主控项目和一般要求；
(3) 美术涂饰工程质量的主控项目和一般要求；
(4) 裱糊工程质量的一般规定、质量主控项目和一般要求；
(5) 门窗玻璃安装工程质量的一般要求。

培训要求

全面掌握质量主控项目和一般要求。

7. 质量通病及防治

培训内容

涂饰工程、裱糊工程、门窗玻璃安装工程质量通病和防治。

培训要求

全面掌握质量通病产生的原因，防治方法，并能起指导作用。

8. 安全与防护

培训内容

(1) 安全事故发生的原因；
(2) 安全防护的措施和方法。

培训要求

全面掌握安全和防护知识，并能起督导作用。

三、培训时间和计划安排

培训时间及采取的方法，各地区可根据本地的实际情况采取不同形式进行，但原则上应做到扎实、实际、学以致用，基本保证下述计划表要求的课时，使学员通过培训掌握本职业的相关理论知识和操作技能。

计划课时分配表如下：

高级油漆工培训课时分配表

序号	课 题 内 容	计划学时
1	审查施工图要点	4
2	建筑色彩形态特征和功能	4
3	裱糊绸缎	4
4	幕墙玻璃、镜面玻璃、栏板玻璃安装	16
5	古建筑油漆及古建筑油漆其他做法	24
6	彩画	8
7	质量要求	8
8	质量通病及防治	8
9	安全与防护	4
	合 计	80

四、考核内容

1. 应知考试

各地区教育培训单位可根据教材中的复习题，选择出题。题型可采用单项、多项选择题形式。

2. 应会考试

各地培训考核单位，可根据本地区的实际情况和建筑工程施工特点，在以下考核内容中选择2～3项进行考核。

（1）对室内装饰施工图纸提出审核书面意见。

（2）根据设计要求为木扶手施涂大漆磨退的样板。
（3）在一块抹灰面上作二道灰地仗。
（4）在一块小匾（或木件）上刻字，并进行扫青或扫绿。
（5）自选推广应用的新型涂料进行涂饰。

初级架子工培训计划与培训大纲

一、培训目的与要求

本计划大纲是根据建设部颁布的《建设行业职业技能标准》中对初级架子工的专业知识要求和操作技能要求，并结合全国建设行业全面实行建设职业技能岗位培训与鉴定的要求，按照《职业技能岗位鉴定规范》中对初级架子工的技能鉴定内容编写的。

通过培训，将使学员全面掌握初级架子工所应具备的专业基础知识和基本操作技能，熟悉脚手架施工的安全操作规程，能搭、拆一般建筑的常用脚手架，并为参加建设职业技能岗位鉴定做好准备。

二、理论知识（应知）和操作技能（应会）培训内容和要求

根据培训目的和要求，为适应当前建筑施工生产的现状及培训对象的文化特点，岗位培训应与施工生产相结合，注重实际操作技能的训练。理论知识教学不宜过深，不苛求系统性和完整性，讲求实用，理论知识教学要与技能训练相结合。

培训内容与要求

1.建筑基本知识

培训内容

（1）房屋构造基本知识，结构概念，建筑结构的主要形式；

（2）荷载、恒载、活载、荷载组合，脚手架允许荷载；

（3）几何（形状）不变，几何（形状）可变；

(4) 强度、刚度、压杆稳定概念；

(5) 杆件拉、压、弯、扭变形。

培训要求

(1) 了解房屋的构造；

(2) 了解建筑结构概念，结构的主要形式；

(3) 了解荷载及脚手架允许荷载概念；

(4) 了解几何（形状）不变、几何（形状）可变概念；

(5) 了解杆件的变形形式；

(6) 强度、刚度、稳定及失稳概念。

2. 建筑识图

培训内容

(1) 建筑施工图识读；

(2) 结构施工图识读。

培训要求

(1) 知道看建筑工程施工图的方法。看得懂建筑总平面图、平、立剖图中与本工种有关的内容；

(2) 能看懂结构施工图中与本工种有关的内容。

3. 建筑脚手架基本知识

培训内容

(1) 建筑脚手架的作用及分类，搭设脚手架的基本要求；

(2) 脚手架的使用现状和发展趋势；

(3) 脚手架施工安全基本知识。

培训要求

(1) 了解建筑脚手架的作用及搭设脚手架的基本要求；

(2) 知道常用建筑脚手架的主要型式及适用范围；

(3) 牢记本工种必须掌握的安全知识，知道安全施工的重要性，能严格执行安全操作规程；

(4) 了解我国目前建筑脚手架的使用情况及发展趋势。

4. 落地式钢管外脚手架

培训内容

(1) 脚手架搭设的施工准备；
(2) 钢管脚手架构配件的规格、质量要求及验收；
(3) 扣件式钢管外脚手架搭设；
(4) 碗扣式钢管外脚手架搭设；
(5) 脚手架搭设的检查、验收和使用管理；
(6) 脚手架拆除；
(7) 脚手架施工的安全技术要求；
(8) 钢管脚手架构配件的保管和维修。

培训要求

(1) 知道脚手架搭设施工准备工作的内容；
(2) 会定位、放线，会按要求进行地基处理；
(3) 对进场的脚手架构配件会进行检查验收；
(4) 会搭、拆落地式钢管外脚手架；
(5) 会检查脚手架的搭设质量，并能进行使用安全维护；
(6) 深刻领会脚手架施工的安全技术条件。

5. 门式钢管外脚手架

培训内容

(1) 门式钢管外脚手架的组成及主要构配件；
(2) 新购门式钢管外脚手架构配件的进场验收；
(3) 周转使用的门式钢管脚手架构配件的质量类别判定及维护使用；
(4) 门式钢管脚手架搭、拆。

培训要求

(1) 了解门式钢管脚手架的组成和主要构配件；
(2) 对新购门式钢管脚手架构配件会进行检查验收；
(3) 对周转使用的门式钢管脚手架构配件的质量会判定类别，并能维护；
(4) 会搭、拆门式钢管外脚手架。

6. 里脚手架

培训内容

（1）里脚手架类型、构造；

（2）里脚手架的搭设。

培训要求

（1）了解常用的几种主要里脚手架的构造；

（2）了解里脚手架的搭设要领。

三、培训时间和计划安排

理论知识（应知）教学和实际操作技能（应会）教学应联系实践，学以致用，计划培训时间为120学时左右。培训方法各地应根据实际情况可采用课堂教学、现场教学等不同形式，使学员在完成计划的课时要求培训后，能切实掌握本工作岗位所必须具备的理论知识和操作技能。

计划课时分配表如下：

初级架子工培训课时分配表

序　号	课　题　内　容	计划学时
1	建筑基本知识	12
2	建筑识图	28
3	脚手架基本知识	8
4	落地式钢管外脚手架	40
5	门式钢管外脚手架	24
6	里脚手架	8
	合　计	120

四、考　核　内　容

1. 应知考试

各地区考核站，可以选择教材中的部分复习题，进行命题考试，题型可采用是非题、选择题、填空题及简答题等形式。

2. 应会考试

各地区考核站可根据本地区的具体情况和实施工程的特点，在以下考核内容中选择2～3项进行考核。

（1）搭、拆落地式扣件式钢管外脚手架（±0.00m至±24.00m）。

（2）搭、拆落地式扣件式钢管外脚手架（±24.00m至顶层）。

（3）搭、拆碗扣式钢管外脚手架。

（4）搭、拆门式钢管外脚手架。

（5）搭设一般斜道。

（6）搭设安全网。

（7）检查已搭设脚手架的垂直度，并纠正过大的偏离。

（8）检查已搭设脚手架的水平偏离度，对过大者进行纠正。

（9）连墙杆的装设。

中级架子工培训计划与培训大纲

一、培训目的与要求

本计划大纲是根据建设部颁布的《建设行业职业技能标准》中对中级架子工的专业知识要求和操作技能要求，并结合全国建设行业全面实行建设职业技能岗位培训与鉴定的要求，按照《职业技能岗位鉴定规范》中对中级架子工的技能鉴定内容编写的。

通过培训，将使学员全面掌握中级架子工所应具备的专业基础知识和基本操作技能，对一般建筑能合理选择脚手架的型式，能胜任脚手架的施工质量检查工作，具备处理脚手架施工中的质量问题和安全问题的能力，并为参加建设职业技能岗位鉴定做好准备。

二、理论知识（应知）和操作技能（应会）培训内容和要求

根据培训目的和要求，为适应当前建筑施工生产的现状及培训对象的文化特点，岗位培训应与施工生产相结合，注重实际操作技能的训练，理论知识教学不宜过深，不苛求系统性和完整性，讲求实用，理论知识教学要与技能训练相结合。

培训内容与要求

1. 挑脚手架

培训内容

（1）挑脚手架的类型和构造；

（2）外挑式脚手架（支撑式挑脚手架）搭设；

(3) 悬挑脚手架（挑梁式挑脚手架）搭设。

培训要求

(1) 了解外挑式脚手架的构造，并能搭拆；

(2) 了解悬挑式脚手架的构造，并能搭拆。

2. 吊脚手架

培训内容

(1) 吊脚手架的类型、构造；

(2) 吊脚手架的施工；

(3) 吊脚手架使用的安全管理。

培训要求

(1) 知道吊脚手架的主要类型，并会合理选用；

(2) 会搭、拆吊脚手架；

(3) 熟悉吊脚手架安全管理中的有关规定，并能自觉遵守。

3. 挂脚手架

培训内容

(1) 挂脚手架的构造；

(2) 挂脚手架搭设。

培训要求

(1) 了解挂脚手架的构造；

(2) 会搭、拆挂脚手架。

4. 爬架

培训内容

(1) 爬架的类型、工作原理；

(2) 导轨式爬架的构造；

(3) 导轨式爬架的安装、检查和试验。

培训要求

(1) 了解一些主要类型爬架的工作原理；

(2) 熟悉导轨式爬架的构造，并能熟练安装、检查和调试。

5. 支撑架

培训内容

（1）碗扣式钢管支撑架构造；
（2）碗扣式钢管支撑架搭设；
（3）扣件式钢管支撑架搭设；
（4）门式钢管支撑架搭设；
（5）支撑架拆除。

培训要求

（1）了解几种主要形式碗扣式钢管支撑架的构造；
（2）能根据施工要求选定并搭设碗扣式钢管支撑架；
（3）能熟练搭设扣件式钢管支撑架；
（4）能根据现场条件及施工要求，搭设门式钢管支撑架；
（5）掌握模板支撑架拆除的要领。

三、培训时间和计划安排

理论知识（应知）教学和实际操作技能（应会）教学应联系实践，学以致用，计划培训时间为100学时左右。培训方式各地应根据实际情况可采用课堂教学、现场教学等不同形式。使学员在完成计划课时要求的培训后，能切实掌握本工作岗位所必须具备的理论知识和操作技能。

计划课时分配表如下：

中级架子工培训课时分配表

序　号	课　题　内　容	计划学时
1	挑脚手架	22
2	挂脚手架	6
3	吊脚手架	16
4	爬架	24
5	支撑架	32
	合　计	100

四、考 核 内 容

1. 应知考试

各地区考核站可以选择教材中的部分、复习题，进行命题考试，题型可采用是非题、选择题、填空题及简答题等形式。

2. 应会考试

各地区考核站可根据本地区的具体情况和实施工程的特点，在以下考试内容中选择1～2项进行考核。

(1) 搭、拆外挑式脚手架（支撑杆式挑脚手架)。

(2) 搭、拆悬挑脚手架（挑梁式挑脚手架)。

(3) 组装吊篮。

(4) 安装吊脚手架。

(5) 搭设导轨式爬架。

(6) 导轨式爬架上升、下降调试。

(7) 搭碗扣式带横托座支撑架。

(8) 搭碗扣式支撑柱支撑架。

(9) 搭肋形楼板底模板支撑架（门架垂直于梁轴线布置)。

(10) 搭肋形楼板底模板支撑架（门架平行于梁轴线布置)。

高级架子工培训计划与培训大纲

一、培训目的与要求

本计划大纲是根据建设部颁布的《建设行业职业技能标准》中对高级架子工的专业知识要求和操作技能要求，并结合全国建设行业全面实行建设职业技能岗位培训与鉴定的要求，按照《职业技能岗位鉴定规范》中对高级架子工的技能鉴定内容编写的。

通过培训，将使学员全面掌握高级架子工所应具备的专业知识和操作技能，能搭、拆高层建筑的各种脚手架，能向初、中级架子工作示范操作，传授技能；具有防止和处理本职业中出现的质量问题和安全问题的能力；具有接受新工艺、新技术、新设备的本领。通过培训，也将为参加建设职业技能岗位鉴定做好准备。

二、理论知识（应知）和操作技能（应会）培训内容和要求

根据培训目的和要求，为适应当前建筑施工生产的现状及培训对象的文化特点，岗位培训应与教学与施工生产相结合，注重实际操作技能的训练。理论知识教学不宜过深，不苛求系统性和完整性，讲求实用，理论知识教学要与技能训练相结合。

培训内容与要求

1. 桥式脚手架

培训内容

（1）桥式脚手架的组成；

(2) 桥式脚手架搭设。

培训要求

(1) 了解桥式脚手架的构造；

(2) 会搭、拆桥式脚手架。

2. 烟囱外脚手架

培训内容

(1) 烟囱外脚手架的基本形式；

(2) 烟囱外脚手架搭设。

培训要求

(1) 了解烟囱外脚手架的基本形式，适用范围；

(2) 会搭、拆烟囱外脚手架。

3. 水塔外脚手架

培训内容

(1) 水塔外脚手架的基本形式；

(2) 水塔外脚手架搭设。

培训要求

(1) 了解水塔外脚手架的基本形式；

(2) 会搭、拆水塔外脚手架。

4. 冷却塔外脚手架

培训内容

(1) 冷却塔外脚手架的构造；

(2) 冷却塔外脚手架搭设。

培训要求

(1) 了解冷却塔外脚手架的构造；

(2) 会搭拆冷却塔外脚手架。

5. 脚手架的质量事故预防和处理

培训内容

(1) 脚手架构、配件材料的质量要求；

(2) 脚手架搭设的质量要求；

(3) 脚手架质量事故的预防和处理。

培训要求

（1）掌握脚手架构配件材料的质量验收标准；

（2）掌握脚手架搭设质量的检验评定标准，以便指导实际工作。

6．脚手架的安全防护设施、事故的预防和处理

培训内容

（1）脚手架的安全防护设施；

（2）脚手架的防电、避雷设施。

培训要求

（1）了解脚手架的安全防护设施；

（2）了解脚手架的防电、避雷设施；

（3）了解脚手架施工技术安全规范中的有关规定，并能组织初、中级架子工进行安全检查。

三、培训时间和计划安排

理论知识（应知）教学和实际操作技能（应会）教学应联系实践，学以致用，计划培训时间为 80 学时左右。培训方式各地应根据实际情况可采用课堂教学、现场教学等不同形式。使学员在完成计划课时要求的培训后，能切实掌握本工作岗位所必须具备的理论知识和操作技能。

计划课时分配表如下：

高级架子工培训课时分配表

序 号	课 题 内 容	计划学时
1	桥式脚手架	8
2	烟囱外脚手架	8
3	水塔外脚手架	6
4	冷却塔外脚手架	6
5	脚手架施工质量事故预防和处理	28
6	脚手架安全措施，事故的预防和处理	24
	合 计	80

四、考 核 内 容

1. 应知考试

各地区考核站可以选择教材中的部分复习题，进行命题考试，题型可采用是非题、选择题、填空题及简答题等形式。

2. 应会考试

各地区考核站可根据地区的具体情况和实施工程特点，在以下考核内容中选择1～2项进行考核。

(1) 搭、拆桥式脚手架。

(2) 搭、拆烟囱外脚手架。

(3) 搭、拆水塔外脚手架。

(4) 搭、拆冷却塔外脚手架。

(5) 现场脚手架搭设质量的检查及处理。

(6) 脚手架安全事故分析。

初级防水工培训计划与培训大纲

一、培训目的与要求

本计划大纲是根据建设部《建设行业职业技能标准》初级防水工的理论知识（应知）操作技能（应会）要求，结合全国建设行业全面实行建设职业技能岗位培训与鉴定的要求，按照《职业技能岗位鉴定规范》初级防水工的鉴定内容编写的。

通过对初级防水工的培训，使初级防水工全面掌握本等级的技术理论知识和操作技能，掌握初级防水工本岗位的职业要求，全面了解施工基础知识，为参加建设职业技能岗位鉴定做好准备，同时为升入中级防水工打下基础。其培训具体要求：掌握识图的基本知识，能够看懂基本的建筑施工图；懂得房屋构造的基本知识；了解常用建筑防水材料的基本性能；掌握卷材防水屋面、涂膜防水屋面、保温隔热屋面和刚性防水屋面的基本操作技能，掌握厕浴间防水施工操作技能；具备安全生产的基本知识和自身安全防护能力。

二、理论知识（应知）和操作技能（应会）的培训内容和要求

根据培训目的和要求，在培训过程中要严格按照本计划大纲的培训内容及课时要求进行。适应目前建筑施工生产的状况，要加强实际操作技能的训练，理论教学与技能训练相结合，教学与施工生产相结合。

培训内容与要求

1. 建筑识图与房屋构造的基本知识

培训内容

(1) 建筑施工图的种类;

(2) 识图方法;

(3) 建筑物各部分组成和构造。

培训要求

(1) 了解施工图的作用，掌握识图方法;

(2) 掌握与建筑防水有关的房屋构造做法。

2. 常用防水材料及保温隔热材料

培训内容

(1) 沥青的种类、标号与技术性能;

(2) 沥青纸胎油毡的主要技术性能;

(3) 沥青胶结材料的技术性能与配置方法，冷底子油的配置方法;

(4) 弹性体改性沥青防水卷材的规格、技术性能;

(5) 塑性体改性沥青防水卷材的规格、技术性能;

(6) 沥青基防水涂料的种类与技术性能;

(7) 高聚物改性沥青防水涂料的技术性能与质量要求;

(8) 常用保温隔热材料的种类、技术性能。

培训要求

(1) 掌握沥青的种类、技术性能、质量要求和使用范围;

(2) 掌握沥青胶结材料的配置方法和冷底子油的配置方法;

(3) 掌握高聚物改性沥青防水卷材的规格、技术性能与质量鉴别方法;

(4) 了解沥青基防水涂料的种类与技术性能;

(5) 掌握高聚物改性沥青防水涂料的技术性能;

(6) 掌握常用保温隔热材料的种类与技术性能。

3. 屋面防水工程施工

培训内容

(1) 卷材防水屋面的施工工艺与方法;

(2) 涂膜防水屋面的施工工艺与方法；
(3) 保温隔热屋面的施工工艺与方法；
(4) 刚性防水屋面的施工工艺与方法。
培训要求
(1) 掌握卷材防水屋面施工工艺与方法；
(2) 掌握涂膜防水屋面的施工工艺与方法；
(3) 掌握保温隔热屋面的施工工艺与方法；
(4) 掌握刚性防水屋面的施工工艺与方法。
4. 厕浴间防水工程施工
培训内容
(1) 厕浴间防水构造；
(2) 高聚物改性沥青涂膜防水施工工艺与方法；
(3) 合成高分子涂膜防水施工工艺与方法。
培训要求
(1) 掌握高聚物改性沥青涂膜防水施工工艺与方法；
(2) 掌握合成高分子涂膜防水施工工艺与方法。
5. 安全施工
培训内容
安全与防护知识。
培训要求
掌握防水工防护措施。

三、培训时间和计划安排

培训时间及采取的方法，各地区可根据本地的实际情况采用不同的形式进行，但原则上做到扎实、实际、学以致用，基本保证下述计划表要求的课时；使学员通过培训掌握防水工的技术知识和操作技能。

计划课时分配如下：

初级防水工培训课时分配表

序　号	课　题　内　容	计划学时
1	建筑识图与房屋构造基本知识	12
2	常用防水材料及保温隔热材料	24
3	屋面防水工程施工	56
4	厕浴间防水工程施工	20
5	安全与防护	8
	合　计	120

四、考 核 内 容

1. 应知考试

各地区教育培训单位，可以根据教材中各部分的复习题，选择出题进行考试。考试可采用判断题、填空题、选择题、简答题四种形式。

2. 应会考试

各地区培训考核单位，可根据本地区的实际情况，在以下的考核项目中选择一项进行考核。

（1）改性沥青防水卷材屋面的施工工艺。

（2）厕浴间防水工程施工工艺。

中级防水工培训计划与培训大纲

一、培训目的与要求

本计划大纲是根据建设部《建设行业职业技能标准》中级防水工的理论知识（应知）操作技能（应会）要求，结合全国建设行业全面实行建设职业技能岗位培训与鉴定的要求，按照《职业技能岗位鉴定规范》中级防水工的鉴定内容编写的。

通过对中级防水工的培训，使中级防水工全面掌握本等级的技术理论知识和操作技能，为参加建设职业技能岗位鉴定做好准备，同时为升入高级防水工打下基础。

二、理论知识（应知）和操作技能（应会）的培训内容和要求

根据培训目的和要求，在培训过程中要严格按照本计划大纲的培训内容和课时要求进行。适应目前建筑施工生产的状况、特点，要加强实际操作技能的训练，理论教学与技能训练相结合，教学与施工生产相结合。

培训内容与要求

1. 识图

培训内容

（1）识图要求；

（2）看施工详图的方法。

培训要求

看懂一般建筑施工图及大样图。

2. 常用施工机具

培训内容

(1) 一般施工机具;

(2) 热熔卷材施工机具;

(3) 热焊接卷材施工机具。

培训要求

(1) 掌握一般防水施工工具的性能、特点和使用方法;

(2) 掌握热熔卷材及热焊接施工的机具性能、特点和使用方法。

3. 常用防水材料及保温隔热材料

培训内容

(1) 合成高分子卷材的种类和技术性能;

(2) 合成高分子涂料的种类和技术性能;

(3) 常用接缝密封材料的种类和技术性能;

(4) 保温隔热的种类和技术性能。

培训要求

(1) 掌握合成高分子卷材和涂料的技术性能;

(2) 掌握常用接缝密封材料的技术性能;

(3) 熟悉保温隔热材料的种类和性能。

4. 屋面防水工程施工

培训内容

(1) 架空隔热屋面工程施工工艺及方法;

(2) 倒置式屋面工程施工工艺;

(3) 蓄水屋面工程施工工艺与方法;

(4) 种植屋面工程施工工艺与方法;

(5) 轻钢金属屋面工程施工工艺与方法;

(6) 防水工程成品保护;

(7) 防水工程工料计算。

培训要求

(1) 掌握架空隔热屋面、蓄水隔热屋面、种植屋面工程的施工工艺与方法；

(2) 熟悉倒置式屋面工程和轻钢金属屋面共策划能够的施工工艺；

(3) 掌握防水工程工料计算方法。

5. 地下工程防水层施工

培训内容

(1) 地下工程卷材防水施工工艺与方法；

(2) 地下工程涂膜防水施工工艺与方法；

(3) 水泥砂浆防水层施工工艺。

培训要求

(1) 掌握地下工程卷材防水施工和涂膜防水施工工艺与方法；

(2) 了解水泥砂浆防水层施工工艺。

6. 建筑外墙防水施工

培训内容

(1) 建筑外墙墙体构造防水施工工艺；

(2) 建筑外墙防水层防水施工工艺与作法。

培训要求

(1) 熟悉建筑外墙墙体构造防水施工工艺；

(2) 掌握建筑外墙防水层防水施工工艺与作法。

7. 构筑物防水施工

培训内容

(1) 冷库防潮层、隔热层施工；

(2) 水塔水箱防水施工；

(3) 水池防水施工。

培训要求

(1) 了解冷库防潮层、隔热层施工方法；

(2) 熟悉水池卷材防水施工和水塔水箱防水施工。

8. 安全与防护

培训内容

安全施工措施，即防火措施、防毒措施、防护措施。

培训要求

掌握安全施工的基本要求和做法。

三、培训时间和计划安排

培训时间和采取的培训的方法，各地区可根据本地的实际情况采用不同的形式进行，但原则上应做到扎实、实际、学以致用，基本保证培训计划表要求的课时；使学员通过培训掌握本职业的技术理论知识和操作技能。

计划课时分配如下：

中级防水工培训课时分配表

序 号	课 题 内 容	计划学时
1	识图	8
2	常用施工机具	8
3	常用防水材料及保温隔热材料	16
4	屋面防水工程施工	20
5	地下工程防水层施工	20
6	建筑外墙防水层施工	12
7	构筑物防水措施	12
8	安全与防护	4
	合 计	100

四、考 核 内 容

1. 应知考试

各地区教育培训单位，可以根据教材中各部分的复习题，选择出题进行考试。

2. 应会考试

各地区培训考核单位，可根据本地区的实施的工程特点，在以下的考核内容中选择进行考核。

（1）某种屋面工程施工。

（2）外防外贴、地下工程卷材防水施工。

（3）地下工程涂膜防水工程施工。

（4）建筑外墙防水层防水施工。

（5）某种构筑物防水施工。

高级防水工培训计划与培训大纲

一、培训目的与要求

本计划大纲是根据建设部《建设行业职业技能标准》高级防水工的理论知识（应知）操作技能（应会）要求，结合全国建设行业全面实行建设职业技能岗位培训与鉴定的要求，按照《职业技能岗位鉴定规范》高级防水工的鉴定内容编写的。

通过对高级防水工的培训，使高级防水工全面掌握本等级的技术理论知识和操作技能，掌握高级防水工的本岗位职业要求，为参加建设职业技能岗位鉴定做好准备。

二、理论知识（应知）和操作技能（应会）的培训内容和要求

根据培训目的和要求，在培训过程中要严格按照本计划大纲的培训内容和课时要求进行。适应目前建筑施工生产的情况、特点，要加强实际操作技能的训练，理论教学与技能训练相结合，教学与施工生产相结合。

培训内容与要求

1. 建筑防水工程设计

培训内容

（1）建筑防水工程设计的一般原则和要求；

（2）建筑防水设计方案；

（3）建筑防水工程细部构造设计。

培训要求

(1) 掌握建筑防水工程设计的一般原则和要求；
(2) 会做建筑防水设计方案；
(3) 熟悉建筑防水工程细部构造设计。

2. 建筑防水材料

培训内容

(1) 刚性防水材料；
(2) 堵漏止水材料；
(3) 聚合物水泥复合防水材料；
(4) 油毡瓦。

培训要求

(1) 熟悉刚性防水材料；
(2) 熟悉堵漏止水材料；
(3) 熟悉聚合物水泥复合防水材料；
(4) 熟悉油毡瓦的规格与使用。

3. 防水施工技术

培训要求

(1) 油毡瓦施工技术；
(2) 房屋渗漏诊断与修缮技术；
(3) 渗漏治理施工技术。

培训要求

(1) 掌握油毡瓦铺贴的施工方法；
(2) 会房屋渗漏诊断与修缮技术；
(3) 掌握几种常用的渗漏治理技术。

4. 建筑防水工程施工方案的编制

培训内容

(1) 建筑防水工程施工方案的主要内容；
(2) 建筑防水工程施工方案的编制方法。

培训要求

(1) 熟悉建筑防水工程施工方案的主要内容；
(2) 会编制建筑防水工程施工方案。

三、培训时间和计划安排

培训时间及采取的方法，各地区可根据本地的实际情况采用不同的形式进行，但原则上应做到扎实、实际、学以致用，基本保证下述计划要求的课时；使学员通过培训掌握本职业的技术理论知识和操作技能。

计划课时分配如下：

高级防水工培训课时分配表

序　号	课　题　内　容	计划学时
1	建筑防水工程设计	24
2	建筑防水材料	12
3	渗漏诊断与治理	24
4	建筑防水工程施工方案的编制	20
	合　计	80

四、考 核 内 容

1. 应知考试

各地区教育培训单位可以根据教材中各部分的复习题，选择出题进行考试。

2. 应会考试

各地区培训考核单位，可根据本地区的情况和实施的工程特点，在以下的考核内容中选择进行考核。

(1) 在建筑工程设计的基础上，完善防水工程部位的设计。

(2) 编制某工程某部位防水工程施工方案。

(3) 对某建筑防水工程渗漏进行诊断，并提出治理方案。

(4) 制订某工程堵漏方案并组织实施。

初级试验工培训计划与培训大纲

一、培训目的与要求

本计划大纲是根据建设部颁布的《建设行业职业技能标准》初级试验工的理论知识（应知）、操作技能（应会）要求，结合全国建设行业全面实行建设职业技能岗位培训与鉴定的要求，按照《职业技能岗位鉴定规范》初级试验工的鉴定内容编写的。

通过培训，初级试验工应全面掌握工程建设原材料质量检验所应具备的技术基础知识和实际操作技能，为参加职业技能岗位鉴定做好准备，同时为升入中级试验工打下基础。

二、理论知识（应知）和操作技能（应会）的培训内容和要求

根据培训目的和要求，在培训过程中要严格按照本计划大纲的培训内容及课时要求进行，理论教学与技能训练相结合，依据国家相关技术标准特别是具体试验方法标准，着重加强实际操作的演练。

培训内容与要求

1. 试验基础知识

培训内容

（1）工程材料基础知识；

（2）试验数据处理与统计；

（3）法定计量单位及应用；

（4）取样送样见证人制度。

培训要求

了解材料的基本性质,掌握试验数据处理与统计的基本方法,正确使用法定计量单位,掌握取样、送样见证人制度的内容及要求。

2. 常用原材料试验

培训内容

(1) 砂子、石子、石灰、烧结砖、砌块、钢材、水泥、粉煤灰等八种原材料的定义、类别、用途及主要技术指标;

(2) 以上八种原材料主要技术指标的检验方法;

(3) 以上八种原材料主要技术指标检验的取样方法及取样数量。

培训要求

了解八种原材料技术性能、特点、用途,掌握相应产品标准的名称、内容及相应指标的检验方法、取样方法及取样数量等。

三、培训时间和计划安排

培训时间及采取的方法,各地区可根据本地的实际情况采用不同的形式进行,但原则上做到扎实、实际、学以致用,基本保证下述计划表要求的课时,使学员通过培训掌握本职业的技术知识和操作技能。

计划课时分配表如下:

初级试验工培训课时分配表

序号	课题安排	计划学时
1	试验基础知识	10
2	常用原材料试验	48
	(1) 砂子	4
	(2) 石子	4
	(3) 石灰	4
	(4) 烧结砖	4
	(5) 砌块	4
	(6) 建筑钢材	16
	(7) 水泥	8
	(8) 粉煤灰	4
	合计	58

四、考 核 内 容

1. 应知考试

应知考核可采用答卷形式，以是非题、选择题、计算题和问答题四种题型进行考试，具体可由各培训单位根据本教材培训内容以及思考题选择出题。

2. 应会考试

应会考试则应根据初级试验工具体掌握的试验操作，在以下考核内容中选择 3～5 项进行实际考核。

（1）砂子筛分试验；

（2）石子压碎值试验；

（3）石灰细度试验；

（4）砖的强度试验；

（5）钢材拉伸及冷弯试验；

（6）水泥标准稠度试验；

（7）粉煤灰需水量比试验。

中级试验工培训计划与培训大纲

一、培训目的与要求

本计划大纲是根据建设部颁布的《建设行业职业技能标准》中级试验工的理论知识（应知）、操作技能（应会）要求，结合全国建设行业全面实行建设职业技能岗位培训与鉴定的要求，按照《职业技能岗位鉴定规范》中级试验工的鉴定内容编写的。

中级试验工在初级试验工的基础上，应全面掌握工程加工材料的设计、试配、检验及其他功能材料使用所应具备的技术知识和实际操作技能，为参加职业技能岗位鉴定做好准备，同时为升入高级试验工打下基础。

二、理论知识（应知）和操作技能（应会）的培训内容和要求

根据培训目的和要求，在培训过程中要严格按照本计划大纲的培训内容及课时要求进行，理论教学与技能训练相结合，依据国家相关技术标准特别是具体试验方法标准，着重加强实际操作的演练。

培训内容与要求

培训内容

1. 常用原材料试验

（1）石油沥青的定义、分类及技术性质；

（2）沥青针入度、软化点、延度的测试方法；

（3）混凝土减水剂、引气剂、缓凝剂、早强剂、防冻剂、膨

胀剂、泵送剂、防水剂、速凝剂的定义、品种、适用范围及技术指标。

2. 砌筑砂浆的组成、技术性质、配合比计算以及试配、调整与确定

3. 混凝土

(1) 混凝土的定义及分类;

(2) 混凝土拌合物性能、力学性能、耐久性能指标的意义;

(3) 混凝土拌合物坍落度、混凝土立方体抗压强度试验方法;

(4) 混凝土配合比设计及试配。

4. 防水涂料、防水密封材料、防水卷材的技术要求及检验方法

5. 建筑涂料、建筑石材、建筑陶瓷、绝热及吸声材料、胶粘剂等功能材料的品种与技术要求

6. 常用工程材料质量控制现场检查内容

培训要求

(1) 掌握沥青、防水材料各主要技术指标的意义及检验方法

(2) 掌握混凝土外加剂的种类、作用、适用范围及掺入混凝土中相关技术指标的检验方法

(3) 掌握砌筑砂浆、普通混凝土、掺粉煤灰混凝土配合比的计算、试配以及拌合物性能、力学性能指标的检验方法

(4) 掌握装饰材料、绝热吸声材料、胶粘剂、混凝土外加混凝土的品种、用途及主要技术指标的意义

(5) 掌握工程材料质量现场检查的内容及方法

三、培训时间和计划安排

培训时间及采取的方法，各地区可根据本地的实际情况采用不同的形式进行，但原则上做到扎实、实际、学以致用，基本保证下述计划表要求的课时，使学员通过培训掌握本职业的技术知

识和操作技能。

计划课时分配表如下：

中级试验工培训课时分配表

序　号	课　题　安　排	计划学时
1	石油沥青	4
2	外加剂	4
3	建筑砂浆	6
4	混凝土	16
5	防水材料	12
6	装饰材料	12
7	特种材料	6
8	材料质量现场控制检查	4
	合　计	64

四、考 核 内 容

1．应知考试

应知考核可采用答卷形式，以是非题、选择题、计算题和问答题四种题型进行考试，具体可由各培训单位根据本教材培训内容以及思考题选择出题。

2．应会考试

应会考试则应根据中级试验工具体掌握的试验操作，在以下考核内容中选择3～5项进行实际考核。

（1）沥青针入度、软化点试验；

（2）混凝土拌合物稠度试验，立方体抗压强度试验；

（3）砌筑砂浆稠度、分层度试验；

（4）掺外加剂混凝土减水率、凝结时间、含气量试验；

（5）防水卷材的拉力试验，透水试验。

高级试验工培训计划与培训大纲

一、培训目的与要求

本计划大纲是根据建设部颁布的《建设行业职业技能标准》高级试验工的理论知识（应知）、操作技能（应会）要求，结合全国建设行业全面实行建设职业技能岗位培训与鉴定的要求，按照《职业技能岗位鉴定规范》中级试验工的鉴定内容编写的。

高级试验工在中级试验工的基础上，应全面掌握与工程结构施工质量有关的地基土、构件、地基与基础以及混凝土回弹检测所必须的技术理论知识与操作技能，为参加职业技能岗位鉴定做好准备。

二、理论知识（应知）和操作技能（应会）的培训内容和要求

根据培训目的和要求，在培训过程中要严格按照本计划大纲的培训内容及课时要求进行，理论教学与技能训练相结合，依据国家相关技术标准特别是具体试验方法标准，着重加强实际操作的演练。

培训内容与要求

培训内容

1. 轻质隔墙板的种类、用途、主要技术指标及试验方法

2. 预应力空心板外观质量、尺寸偏差、结构性能检验的内容及方法

3. 混凝土回弹测强

（1）回弹仪的构造及回弹法测定混凝土强度的原理；

（2）回弹法测定混凝土强度的步骤和方法；

（3）检测数据的处理与强度计算；

（4）回弹仪检定及常见故障的排除。

4. 土工试验

（1）土的工程分类及基本物理性质指标；

（2）土的含水率试验方法；

（3）土的密度试验方法；

（4）土的击实试验与压实系数。

5. 地基与桩基承载力试验

（1）地基载荷试验；

（2）地基触探试验；

（3）桩基载荷试验；

（4）桩基动力检测。

培训要求

了解轻质隔墙板的种类、用途、技术指标，掌握预应力多孔板的试验内容及试验方法，掌握回弹仪测定混凝土强度的原理、操作方法、数据处理以及现龄期强度计算推定，掌握土的含水率试验、密度试验、击实试验的意义、内容及方法，掌握地基载荷试验、地基触探试验、桩基载荷试验的桩基动力检测的目的、内容及方法。

三、培训时间和计划安排

培训时间及采取的方法，各地区可根据本地的实际情况采用不同的形式进行，但原则上做到扎实、实际、学以致用，基本保证下述计划表要求的课时，使学员通过培训掌握本职业的技术知识和操作技能。

计划课时分配表如下：

高级试验工培训课时分配表

序 号	课 题 安 排	计划学时
1	轻质隔墙板	6
2	预应力多孔板	20
3	回弹法检测混凝土强度	20
4	土工试验	20
5	地基与桩基承载力试验	20
	合 计	86

四、考 核 内 容

1. 应知考试

应知考核可采用答卷形式，以是非题、选择题、计算题和问答题四种题型进行考试，具体可由各培训单位根据本教材培训内容以及思考题选择出题。

2. 应会考试

应会考试则应根据高级试验工具体掌握的试验操作，在以下考核内容中选择2～3项进行实际考核。

(1) 轻质隔墙板的抗弯破坏荷载及抗冲击性能试验；

(2) 预应力多孔板承载力试验；

(3) 回弹法检测混凝土构件强度；

(4) 土的击实试验；

(5) 地基平板载荷试验。

初级测量放线工培训计划与培训大纲

一、培训目的与要求

本计划大纲是根据建设部颁布的《建设行业职业技能标准》的理论知识（应知）、操作技能（应会）的要求，结合全国建设行业全面实行建设职业技能岗位培训与鉴定的要求编写的。

通过对初级测量放线工的培训，使初级测量放线工基本掌握本等级的技术理论知识和操作技能，掌握初级测量放线工本岗位的职业要求，全面了解施工基础知识，为参加建设职业技能岗位鉴定做好准备，同时为升入中级测量放线工打下基础。其培训具体要求：掌握建筑识图的基本知识；了解房屋构造的基本知识及测量放线工作的任务和内容；掌握测量仪器及工具的构造、工作原理及使用方法；掌握水准测量和设计标高的测设；掌握角度的测量与测设；掌握钢尺量距的方法；掌握建筑物定位放线的方法；具备安全生产、文明施工、产品保护的基本知识及自身安全防备能力；具有对职业道德行为准则的遵守能力。

二、理论知识（应知）和操作技能（应会）的培训内容和要求

根据培训目的和要求，在培训过程中要严格按照本计划大纲的培训内容及课时要求进行。适应目前建筑施工生产的状况、特点，要加强实际操作技能的训练，理论教学与技能训练相结合，教学与施工生产相结合。

培训内容与要求

1. 建筑工程施工图的识读

培训内容

（1）建筑工程施工图的作用；

（2）识图的方法；

（3）建筑施工图的识读；

（4）结构施工图的识读。

培训要求

（1）了解建筑工程施工图的分类，重点了解和本工种密切的总平面图、平面图、立面图、基础图；

（2）熟悉《房屋建筑制图统一标准》，掌握识图的方法；

（3）会看一般的建筑工程施工图，掌握识图的要领、方法和步骤，重点为校核建筑平、立、剖面图的关系及尺寸。

2. 房屋构造及施工中对测量放线工的要求

培训内容

（1）民用建筑分类；

（2）民用建筑的构造组成；

（3）基础的分类与构造；

（4）墙体构造；

（5）楼梯的类型与组成；

（6）工业建筑构造；

（7）一般建筑工程的施工程序及对测量放线的基本要求，测量放线工与有关工种的工作关系。

培训要求

（1）了解建筑物的分类；

（2）了解一般民用建筑六大组成部分及其各部分的作用；

（3）了解基础的分类与构造，懂得基础放线的重要性；

（4）了解墙体构造、地面构造、楼梯的类型与组成、屋顶构造；

（5）了解工业建筑的分类、构造组成，了解厂房定位轴线的概念；

（6）了解一般建筑工程的施工程序及对测量放线的基本要求和有关工种之间的工作关系。

3. 普通水准仪和水准标尺

培训内容

（1）水准仪的构造及用途；

（2）水准仪的使用；

（3）水准标尺与尺垫。

培训要求

（1）了解水准仪的组成部分及其各部分的作用；

（2）掌握使用水准仪的要点、水准尺识读方法、扶尺要点。

4. 普通经纬仪

培训内容

（1）经纬仪需具备的主要条件；

（2）DJ_6 型光学经纬仪的主要部件；

（3）DJ_6 型光学经纬仪的两种读数方法；

（4）DJ_2 型光学经纬仪的特点；

（5）经纬仪的保养知识。

培训要求

（1）了解经纬仪的构造、主要部件及其功能；

（2）掌握普通经纬仪的使用方法，重点掌握读数方法以及懂得两种读数方法的区别；

（3）掌握保养经纬仪的方法。

5. 建筑施工测量的基本内容

培训内容

（1）建筑施工测量的基本任务；

（2）测量工作的基本原则；

（3）常用名词及其含义。

培训要求

（1）掌握建筑施工测量的基本内容；

（2）掌握施工测量工作的基本原则；

(3) 懂得测量工作中所需用的有关名词及其含义。

6. 水准测量和设计标高的测设

培训内容

(1) 水准测量概念;

(2) 水准测量的操作程序;

(3) 设计标高的测设与抄平;

(4) 方格网法平整场地的施测程序。

培训要求

(1) 了解水准测量原理和操作程序;

(2) 掌握设计标高的测设与抄水平线、设水平桩的操作方法;

(3) 掌握方格网法平整场地的施测程序。

7. 角度测量与测设

培训内容

(1) 角度测量概念;

(2) 水平角测量的操作程序;

(3) 标测直线、延长线的操作程序;

(4) 竖向投测。

培训要求

(1) 懂得水平角、竖直角概念;

(2) 掌握水平角测量的操作程序和方法;

(3) 掌握标测直线、延长直线的操作程序和方法;

(4) 掌握建筑物竖向投测的方法。

8. 钢尺量距

培训内容

(1) 常用工具及其使用方法;

(2) 地面点的标定与直线定向;

(3) 钢尺量距一般方法及较精确量距的方法;

(4) 丈量成果的整理。

培训要求

(1) 会正确使用钢尺及其他工具；

(2) 掌握地面点的标定和直线定向方法；

(3) 熟悉掌握钢尺量距的一般方法，了解较精确量距的工序、方法及成果整理和精度评定方法。

9. 建筑物的定位放线

培训内容

(1) 施工测量准备工作内容；

(2) 建筑物的定位、放线方法；

(3) 基础施工测量；

(4) 立体施工测量。

培训要求

(1) 懂得建筑物定位放线要做的哪些准备工作、检查复核工作及其重要性；

(2) 掌握常用的三种建筑物定位方法；

(3) 掌握测设轴线控制桩和测设龙门板的方法，掌握基坑深度控制、基础垫层标高控制和弹线方法；

(4) 掌握墙体的弹线定位，掌握墙体各部位高程关系控制、砌砖施工中使用皮数杆的画法和立法。

10. 施工测量中的安全注意事项

培训内容

现场施工中为确保施工放线操作的安全所要注意的事项。

培训要求

懂得安全施工的重要性及其切实有效的安全措施。

三、培训时间和计划安排

培训时间及采取的方法，各地区可根据本地的实际情况采用不同形式进行，但原则上做到扎实、实际、学习致用，基本保证下述计划表要求的课求；使学员通过培训掌握本职业的技术理论知识和操作技能。

计划课时分配表如下：

初级测量放线工培训课时分配表

序　号	课　题　内　容	计划学时
1	建筑识图	16
2	房屋构造及施工中对测量放线工的要求	8
3	普通水准仪和水准标尺	10
4	普通经纬仪	14
5	建筑施工测量的基本内容	4
6	水准测量和设计标高的测设	12
7	角度测量和测设	18
8	钢尺量距	10
9	建筑物的定位放线	26
10	施工测量中的安全注意事项	2
	合　计	120

四、考 核 内 容

1. 应知考试

应知考试可采用答卷形式，以是非题、选择题、计算题和问答题四种题型进行考试，具体可由各培训单位根据本教材思考题选择出题。

2. 应会考试

各地区培训考核单位应在以下试题内容中选择4～6项进行考核。

（1）提供一台普通水准仪和一只水准尺，先说出仪器各组成部分的名称、作用与用法，并安置仪器测量两点间的高差。

（2）提供一台普通经纬仪，先说出经纬仪各组成部分的名称、作用与用法，并对指定地面点进行对中、整平并测出两个方向的水平角值。

（3）在规定的时间内，用水准仪抄水平线、设水平桩或测设设计标高。

（4）在规定的时间内，进行短距离水准点引点测量（不少于3个测站）。

（5）在规定的时间内，进行 1000m^2 左右的场地中各方格网交点的高程。

（6）用经纬仪测设 150m 的直线或测指定线段的延长线。

（7）在规定的时间内，用经纬仪进行竖向投测。

（8）提供钢尺、标杆、测杆等工具测量一般水平距离。

（9）在规定的时间内，提供定位依据和数据，测设出拟建建筑物的四角位置，并进行检测。

（10）在规定的时间内，完成某工程的基础放线，包括设置控制桩和龙门板及撒灰线。

（11）在规定的时间内，完成某工程主体结构的放线与弹出墨线，并设置好皮数杆。

中级测量放线工培训计划与培训大纲

一、培训目的与要求

本计划大纲是根据建设部颁布的《建设行业职业技能标准》的理论知识（应知）、操作技能（应会）的要求，结合全国建设行业全面实行建设职业技能岗位培训与鉴定的要求编写的。

通过对中级测量放线工的培训，使中级测量放线工全面掌握本等级的技术理论知识和操作技能，掌握中级测量放线工本岗位的职业要求，全面了解施工基础知识，为参加建设职业技能岗位鉴定做好准备，同时为升入高级测量放线工打下基础。其培训具体要求：掌握建筑制图的基本知识；能够校核施工图的关系及尺寸；掌握大比例尺地形图的识读与使用；掌握普通水准仪和普通经纬仪的操作与检校方法；掌握建筑物沉降观测的方法、步骤；了解电磁波测距及激光测量仪器等新技术、新设备的应用、使用方法；知晓钢尺丈量水平距离的精确方法；掌握测量误差的基本知识及消减误差的方法；掌握建筑场地的平面和高程控制的测量方法以及工业与民用建筑的施工测量方法；掌握一般工程施工测量的方案编制方法；掌握竣工总平面图的测量方法、步骤；具备安全生产、文明施工、产品保护的基本知识及自身安全防备能力；具有对职业道德行为准则的遵守能力。

二、理论知识（应知）和操作技能（应会）的培训内容和要求

根据培训目的和要求，在培训过程中要严格按照本计划大纲

的培训内容及课时要求进行。适应目前建筑施工生产的状况、特点，要加强实际操作技能的训练，理论教学与技能训练相结合，教学与施工生产相结合。

培训内容与要求：

1. 施工图校审及建筑制图

培训内容

(1) 阅读、审核施工图的方法和步骤；

(2) 阅读、审核与测量放线有关的施工图的方法；

(3) 制图的一般要求；

(4) 绘制平、立、剖面图的步骤和方法。

培训要求

(1) 掌握阅读、审核施工图的方法、步骤和技巧；

(2) 看懂并学会审核较复杂施工图和有关测量放线施工图的关系及尺寸；

(3) 会正确使用制图工具，掌握各种线形正确的绘制方法；

(4) 掌握绘制平、立剖面图的步骤和方法。

2. 大比例尺地形图的识读与使用

培训内容

(1) 地形图的基本内容；

(2) 识读大比例尺地形图的方法。

培训要求

(1) 掌握地形图的识读要领，能够通过等高线确认地貌特征及地上物的准确位置的确认；

(2) 掌握从地形图上取得供工程使用的数据的方法。

3. 复合水准仪测量及普通水准仪的检校

培训内容

(1) 复合水准仪测量；

(2) 普通水准仪的检验，校正方法与步骤。

培训要求

(1) 掌握复合水准仪测量的施测、记录、成果检验及平差计算方法；

（2）懂得水准仪各部分应满足的几项几何条件，按规定步骤对仪器进行检验，掌握水准仪的检验校正方法。

4. 普通经纬仪的操作与检校方法

培训内容

（1）水平角观测方法；

（2）竖直角观测方法；

（3）经纬仪的检验校正方法。

培训要求

（1）掌握测回法观测水平角的观测步骤、限差检查和记录、计算方法；

（2）熟悉根据竖盘的读数计算竖直角的公式，熟练计算竖盘指标差，熟练掌握竖直角测量的操作程序；

（3）懂得普通经纬仪应满足的四项几何条件，掌握检验校正普通经纬仪的方法。

5. 建筑物的沉降观测

培训内容

（1）水准点的布设要求；

（2）观测点的形式及布设要求；

（3）观测方法与要点；

（4）沉降观测成果整理。

培训要求

（1）懂得布设沉降观测用水准点的特殊要求；

（2）了解四种观测点形式及选用方法，懂得观测点布设的选定原则；

（3）熟悉沉降观测成果整理所包括的内容和要求。

6. 电磁波测距仪和激光测量仪器

培训内容

（1）电磁波测距仪的性能与使用方法；

（2）激光经纬仪的性能与使用方法；

(3) 激光铅直仪的性能与使用方法。

培训要求

(1) 了解电磁波测距仪的一般知识及型号、性能，懂得测距仪精度的含义，知晓仪器使用方法；

(2) 了解激光经纬仪的一般知识、型号、组成与使用方法；

(3) 了解激光铅直仪的一般性能与使用要点。

7. 钢尺丈量水平距离的精确方法

培训内容

(1) 精确丈量水平距离的施测方法；

(2) 尺长、温度、垂曲、倾斜各项因素的影响与改正方法；

(3) 丈量成果的计算；

(4) 丈量距离的质量要求与保证措施。

培训要求

(1) 掌握钢尺丈量水平距离的程序及要点，熟练掌握钢尺测设距离的精确方法；

(2) 熟练掌握尺长、温度、垂曲、倾斜各项因素的改正方法并按实例逐项进行计算。

8. 测量误差的基本知识

培训内容

(1) 误差产生的原因；

(2) 测量误差的分类与性质；

(3) 量距误差的来源、消减办法和限差制定；

(4) 水准测量的误差来源、消减办法和限差制定；

(5) 角度测量误差的来源、消减办法和限差制定。

培训要求

(1) 了解测量误差产生的原因主要来自仪器误差、外界自然条件的影响和观测误差三个方面，懂得消减误差的针对性的措施；

(2) 了解系统误差、偶然误差的特性及相应的消减误差的方法；

(3) 熟悉量距误差、水准测量误差和角度测量误差的各项来源，熟知制定各项限差的理论依据及限差的制定，掌握所采用的消减各项误差的办法。

9. 建筑施工测量

培训内容

(1) 民用建筑施工建筑基线的测量类型；

(2) 多层建筑的竖向投测和标高传递；

(3) 工业建筑矩形控制网的测设；

(4) 厂房基础施工测量；

(5) 厂房预制构件安装的施工测量；

(6) 钢结构钢柱柱基的定位与钢柱的弹线校正。

培训要求

(1) 熟练掌握三种建筑基线的测设方法；

(2) 熟练掌握多层建筑施工中用线坠进行轴线投测和用经纬仪投测轴线的方法；

(3) 掌握单一的矩形控制网的测设和根据主轴线测设矩形控制网的两种放线方法；

(4) 掌握厂房基础施工中的柱列轴线测设和基础定位方法；

(5) 掌握厂房施工中柱子、吊车梁、屋架安装测量的步骤和方法；

(6) 了解钢柱柱基定位与钢柱的垂直度校正方法。

10. 线路测设

培训内容

(1) 道路与地下、架空管线的定线；

(2) 线路纵断面测量；

(3) 施工中标高、坡度的测量。

培训要求

(1) 掌握道路与管线定线的方法；

(2) 掌握线路纵断面测量的方法；

(3) 掌握施工中标高、坡度的测设方法。

11. 曲线测设

培训内容

（1）曲线测设数据的计算；

（2）曲线测设方法。

培训要求

掌握圆曲线主点的测设方法、步骤。

12. 竣工总平面的测绘

培训内容

竣工平面图的测绘。

培训要求

掌握竣工平面图的实测及绘图方法。

13. 一般工程施工测量的方法编制培训内容

（1）施工测量方案应包括的内容；

（2）编制施工测量方案的方法、步骤。

培训要求

（1）了解施工测量方案应包括的内容；

（2）了解施工测量方案的特点及方案的编制方法。

14. 班组管理知识

培训内容

（1）班组管理的内容；

（2）班组管理的要求。

培训要求

知晓班组管理的各项内容及相应的要求。

三、培训时间和计划安排

培训时间及采取的方法，各地区可根据本地的实际情况采用不同形式进行，但原则上做到扎实、实际、学以致用，基本上保证下述计划表要求的课时；使学员通过培训掌握本职业的技术理论知识和操作技能。

计划课时分配表如下：

中级测量放线工培训课时分配表

序　号	课　题　内　容	计划学时
1	施工图校核及建筑制图	10
2	大比例地形图的识读与使用	6
3	复合水准测量及普通水准仪的检校	6
4	普通经纬仪的操作与检校方法	8
5	建筑物的沉降观测	4
6	电磁波测距仪和激光测量仪器	4
7	钢尺丈量水平距离的精确方法	6
8	测量误差的基本知识	12
9	建筑施工测量	14
10	线路测量	6
11	曲线测量	8
12	竣工总平面图的测绘	6
13	一般工程施工测量的方案编制	6
14	班组管理知识	4
	合　计	100

四、考 核 内 容

1. 应知考试

应知考试可采用答卷形式，以是非题、计算题和问答题四种题型进行考核，具体可由各培训单位根据本教材思考题选择出题。

2. 应会考试

各地区培训考核单位应在以下试题内容中选择 4～6 项进行考核。

（1）提供一张较复杂的总平面图，要求对测量放线数据提出审核书面意见，并谈出实施定位放线的初步打算。

（2）根据所提供的大比例尺地形图上所标定的点位，在实地上测出 10 个点位和高程，并记录实际作业时间。

（3）提供一台水准仪，一根水准尺，检验其圆水准轴、横丝以及管轴与视准轴的关系是否合乎要求，并进行检校。

（4）提供一台经纬仪，检验其轴线关系并校正和消除竖盘指标差。

(5) 某施工现场有三个水准点 8～12 个沉降观测点，采用普通水准仪，从一个水准点出发，测量水准点的高程，并闭合至原水准点，计算闭合差，并按测站数进行配赋，列出观测成果表，并记录实际作业时间。

(6) 综合实际条件，提供一台红外测距仪、激光经纬仪或垂准仪，在规定的时间内按相应的技术要求完成一项实际生产作业测量，并提交记录和资料。

(7) 提供钢尺、温度计、线坠、弹簧秤等工具，在规定时间内，精密丈量一般不小于 200m 的距离，提出完整的记录，记录出各项改正数，并计算出水平距离。

(8) 提供一台经纬仪、一盘钢卷尺、一组（不少于 5 点）直角坐标值，在规定的时间内，从实地两个已知坐标点出发，按规定的精度要求测出待定点位。

(9) 提供 2～3 个点的已知坐标及一张标有控制网的地形图或施工总平面图，布设一个施工控制网，并进行外业施测，提出观测资料，并计算出方位角、坐标闭合差及坐标成果，可结合实际工程考核。

(10) 提供 2～3 个控制点坐标，将某建筑物按图上所标定的坐标（或图上给定的关系），在实地上定位放线，并记录实际作业时间。

(11) 在规定时间内，按规定要求完成某项工业厂房的矩形控制网测设，柱列轴线测设或柱子吊装测量任务。可结合实际工程考核。

(12) 在规定的时间内，完成某线路的纵断面测量作业。

(13) 在规定的时间内，完成一条圆曲线的主点测设和详细测设。

(14) 在规定的时间内，完成某工程的竣工平面图测量。

(15) 按给定的条件，在规定的时间内，编制一份施工测量放线方案。

高级测量放线工培训计划与培训大纲

一、培训目的与要求

本计划大纲是根据建设部颁布的《建设行业职业技能标准》的理论知识（应知）、操作技能（应会）的要求，结合全国建设行业全面实行建设职业技能岗位培训与鉴定的要求编写的。

通过对高级测量放线工的培训，使高级测量放线工基本掌握本等级的技术理论知识和操作技能，掌握高级测量放线工本岗位的职业要求，全面了解施工基础知识，为参加建设职业技能岗位鉴定做好准备。其培训具体要求：掌握精密水准仪的构造、性能和使用方法及四等水准测量的观测方法；掌握采用精密水准仪、经纬仪进行沉降、位移等变形观测；掌握小区域控制测量的方法；掌握大比例尺地形图的测绘；掌握复杂、大型或特殊工程的测量放线方法；掌握普通水准仪、经纬仪的一般维修方法；熟悉测量放线工作的全面质量管理工作；能够向初级工、中级工传授技能及本工种操作技术上的疑难问题；具备安全生产、文明施工、产品保护的基知识及自身安全防备能力；具有对职业道德行为准则的遵守能力。

二、理论知识（应知）和操作技能（应会）的培训内容和要求

根据培训目的和要求，应培训过程中要严格按照本计划大纲的培训内容及课时要求进行。适应目前建筑施工生产的状况，特点要加强实际操作技能的训练，理论教学与技能训练相结合，教

学与施工生产相结合。

培训内容与要求

1. 精密水准仪的性能、构造和用法

培训内容

(1) 精密水准仪的性能、构造；

(2) 精密水准仪的类型；

(3) 精密水准仪的特点；

(4) 精密水准仪的使用方法与操作程序；

(5) 精密水准仪的检验。

培训要求

(1) 了解精密水准仪各部分构造；

(2) 了解各种精密水准仪的技术参数；

(3) 了解精密水准尺的特点和刻划；

(4) 掌握精密水准仪的使用方法，操作程序及使用要点；

(5) 掌握精密水准仪的检验方法及各机构的重要性的认识。

2. 四等水准测量

培训内容

(1) 高程控制网及其等级分类；

(2) 四等水准测量的技术要求；

(3) 四等水准测量的观测方法；

(4) 四等水准测量的成果整理；

(5) 质量通病的防治措施；

(6) 安全使用仪器注意事项。

培训要求

(1) 了解四等水准测量的标准及适用范围及技术要求的具体内容，懂得其规定的目的；

(2) 掌握四等水准测量的观测方法以及成果整理方法；

(3) 了解质量通病的防治措施以及安全使用仪器注意事项。

3. 采用精密水准仪、经纬仪进行变形观测

培训内容

（1）建筑物变形观测的目的和内容；

（2）变形观测的方法与要求；

（3）采用精密水准仪进行变形观测的方法与要点；

（4）采用经纬仪进行变形观测的方法与要点。

培训要求

（1）明确建筑物变形观测的目的，掌握变形观测所包括的具体内容；

（2）掌握建筑物沉降、倾斜和位移观测的方法；

（3）掌握用精密水准仪进行沉降观测的方法，包括需要达到的精度、对水准基点及观测点标志的要求、观测的具体要求和需提交的资料等；

（4）掌握用精密水准仪观测基础倾斜的方法。

（5）掌握用经纬仪进行变形观测的方法和要求，包括倾斜观测和位移观测。

4．小区域控制测量

培训内容

（1）控制测量概念；

（2）导线测量的布设要求和内业计算；

（3）小三角测量的布设要求和内业计算；

（4）高程控制测量的布设、观测和计算。

培训要求

（1）了解控制测量所包括的内容；

（2）了解小三角测量的布设形式、技术要求、掌握小三角测量外业工作和内业计算方法、近视平差方法；

（3）掌握三角高程测量的布网要求、技术要求、观测方法和高差计算公式及方法。

5．大比例尺地形图测绘

培训内容

（1）视距测量；

（2）小平板仪和大平板仪的构造与使用；

（3）大比例尺地形图的绘制。

培训要求

（1）掌握视距测量方法并了解其误差；

（2）掌握平板仪测图的操作工艺、立尺要点；

（3）掌握小平板仪与经纬仪测图的作业方法；

（4）掌握大比例尺地形图的测绘方法，包括坐标方格网的绘制、展绘控制点及野外施测时碎部点的选择等作业方法。

6. 工程定位放线

培训内容

（1）几种工程定位方法；

（2）圆弧形平面曲线建筑物定位；

（3）螺旋形曲线建筑物定位；

（4）椭圆形平面曲线建筑物定位；

（5）双曲线形平面曲线建筑物定位；

（6）抛物线形平面曲线建筑物定位。

培训要求

（1）熟练掌握直角坐标法定位的工艺顺序及检核方法；

（2）熟练掌握极坐标、交汇角法定位数据计算和实地定位及检核方法；

（3）掌握特殊图形建筑物定位放线的思路和采用的相应方法。

7. 普通水准仪、经纬仪的一般维修

培训内容

（1）测量仪器检修的设备、工具和材料；

（2）普通水准仪、经纬仪的一般检修方法；

（3）普通水准仪常见故障的修理；

（4）普通经纬仪常见故障的修理。

培训要求

（1）计识光学测量仪器维修的重要性并掌握维修的基本知识；

（2）掌握普通水准仪、经纬仪的一般检修方法；

(3) 掌握普通水准仪、经纬仪常见故障的修理方法。

三、培训时间和计划安排

培训时间及采取的方法，各地区可根据本地的实际情况采用不同形式进行，但原则上做到扎实、实际，学以致用，基本上保证下述计划表要求的课时；使学员通过培训掌握本职业的技术理论知识和操作技能。

计划课时分配表如下：

高级测量放线工培训课时分配表

序　号	课　题　内　容	计划学时
1	精密水准仪的性能、构造和用法	10
2	四等水准测量	10
3	采用精密水准仪、经纬仪进行变形观测	8
4	小区域控制测量	22
5	大比例尺地形图测绘	6
6	工程定位放线	14
7	普通水准仪、经纬仪的一般维修	10
	合　计	80

四、考 核 内 容

1. 应知考试

应知考核可采用答卷形式，以是非题、选择题、计算题和问答题四种题型进行考试，具体可由各培训单位根据本教材思考题选择出题。

2. 应会考试

各地区培训考核单位应在以下试题内容中选择3～5项进行考核。

（1）使用精密水准仪、铟钢水准标尺，按精密水准测量的要求，往返观测一般长段长度不小于500米的线路，提出完整的记录，计算出往测、返测的高差值、闭合差及高差平均值。

（2）按四等水准测量的技术要求，往返观测一段长度不小于1千米的水准线路，提出完整的记录，计算出往测和返测的高差值、闭合差及高差平均值，记录实际作业时间。

（3）使用精密水准仪、铟钢水准尺，在某一布设沉降观测点的建筑物上，测量所有观测点的高程，需提出设站线路图、完整的记录，计算出全线闭合差，经配赋后的观测点高程，记录实际作业时间。

（4）提供某工程的定位项目，根据所提供的总平面图、控制点布设要求，按工程测量基本理论，提出施工控制网的布设方案及定位方法运用的选择意见。

（5）提供一张施工总平面图及说明，在规定的期间里完成方格网的实际测设，需提出方案、作业方法、步骤、作业精度与总结。可结合某一工程考核。

（6）结合某工程考核定位放线方案的选择，选不同的起算数据与放样数据，以考核其运用直角坐标法、极坐标或交汇法的实际能力。

（7）结合实际工程，在规定的时间内测绘完成某处1∶500比例尺地形图，需提出完整资料，如图根坐标、实测原图、自查记录。

（8）有一台水准仪发生故障，根据所学知识说明故障原因及排除方法。

（9）提供新仪器或新设备及其说明书等有关资料，在规定的时间内考核其对仪器性能、使用方法的掌握情况。

初级水暖工培训计划与培训大纲

一、培训目的与要求

本计划大纲是根据建设部《建设行业职业技能标准》初级管道工中有关水暖工部分的理论知识（应知）、操作技能（应会）要求，结合全国建设行业全面实行建设职业技能岗位培训与鉴定的要求，按照《职业技能岗位鉴定规范》初级管道工中有关水暖工部分的鉴定内容编写的。

通过对初级水暖工的培训，使初级水暖工全面掌握本等级的技术理论知识和操作技能，掌握初级水暖工本岗位的职业要求，全面了解施工基础知识，为参加建设职业技能岗位鉴定做好准备，同时为升入中级水暖工打下基础。其培训具体要求：熟悉识图基础知识，掌握管道工程图基本知识和对管道施工图的识读；熟悉常用管材和各种附件的技术性能；了解管道敷设，掌握管道连接的各种方式；掌握室内外给水和室内排水管道的安装要领；熟悉室内采暖系统和散热器安装内容；掌握管道水压、气压试验方法；了解管道防腐和保温知识；掌握管件加工制作、管子煨弯；排水管、采暖管安装及支、吊架制作安装技能；掌握卫生器具安装技能；掌握量具、工具、机具的使用与维护和制作简单工具的技能；具备安全生产、文明施工、成品保护的基本知识及自身安全防护能力；能遵守职业道德。

二、理论知识（应知）和操作技能（应会）的培训内容和要求

根据培训目的和要求，在培训过程中要严格按照本计划大纲的培训内容及课时要求进行。适应目前建筑施工生产的状况，加强实际操作技能的训练，理论教学与技能训练相结合，教学与施工生产相结合。

培训内容与要求：

1. 水暖工程识图

培训内容

(1) 投影、视图和管道工程图；

(2) 水暖施工图及简单土建施工图的识读；

(3) 重温温度和压力定义、单位。

培训要求

(1) 熟悉投影与视图；

(2) 掌握管道工程图以及水暖施工图、简单土建施工图的识读。

2. 水暖管道材料

培训内容

(1) 常用管材的种类、名称、规格及用途；

(2) 常用附件、器具、阀门，填料及垫料的种类、名称、规格及用途；

(3) 管子及管路附件的标准化。

培训要求

(1) 熟悉水暖管道常用材料的性能；

(2) 掌握管子及管路附件的标准。

3. 管件加工工艺

培训内容

(1) 弯头、三通的展开及计算；

(2) 管子调直及弯曲的基本知识；
(3) 管子煨弯的工艺。

培训要求

(1) 掌握弯头、三通的展开计算方法；
(2) 掌握管子煨弯的顺序并会实际操作；
(3) 熟悉管子弯曲的有关知识。

4. 管道支、吊架

培训内容

(1) 管道支、吊架的种类、作用及构造；
(2) 管道支、吊架的制作及安装。

培训要求

掌握支、吊架的制作及安装工艺。

5. 管道的敷设与连接

培训内容

(1) 管道敷设的方式及适用范围；
(2) 管道连接的方式及工艺要求；
(3) 吊装有关知识。

培训要求

(1) 了解管道敷设的顺序和方法；
(2) 掌握管道主要连接方式的工艺要求；
(3) 了解吊装基本操作。

6. 室内给排水管及采暖管道

培训内容

(1) 室内、外给水、排水的组成及供、排水工作方式；
(2) 室内，外给水管道的安装，连接、检查及试压；
(3) 室内排水管道的安装、连接；
(4) 采暖及热水供应的组成；
(5) 室内采暖系统的安装、连接、检查及试压。

培训要求

(1) 掌握室内外给水，室内排水管道的安装工艺及要求；

(2) 了解室内外给、排水的组成内容；

(3) 了解采暖及热水供应的组成内容；

(4) 熟悉室内采暖管道的安装工艺及要求。

7. 卫生器具

培训内容

(1) 卫生器具的作用与分类；

(2) 卫生器具的安装、连接。

培训要求

(1) 熟悉各种卫生器具的特点和性能；

(2) 掌握各种卫生器具的安装要领及质量要求。

8. 散热器

培训内容

(1) 散热器的种类、特点和性能；

(2) 散热器的组对及安装、连接和试压。

培训要求

(1) 了解散热器的分类及工作性能；

(2) 熟悉散热器的组对及安装工艺和质量要求。

9. 疏水器、减压阀

培训内容

(1) 疏水器、减压阀的种类和工作原理；

(2) 疏水器、减压阀的安装、连接、检查及试压。

培训要求

(1) 了解疏水器、减压阀的不同种类和工作原理；

(2) 掌握疏水器、减压阀的安装工艺及质量要求。

10. 管道系统的试压

培训内容

(1) 管道试压的规定；

(2) 水压、气压试验的质量要求；

(3) 管道清洗。

培训要求

(1) 熟悉管道试压的规定内容；
(2) 掌握水压、气压试验的标准和质量要求；
(3) 了解管道清洗的一般要求。

11. 管道的防腐与保温

培训内容

(1) 管道涂料的种类、性能及施工方法；
(2) 埋地钢管的防腐；
(3) 管道的绝热。

培训要求

(1) 了解管道涂料的施工方法；
(2) 熟悉埋地钢管的防腐措施；
(3) 了解管道的绝热方法。

12. 安全生产与文明施工

培训内容

(1) 管道安装的安全技术及防火措施；
(2) 安全技术操作规程；
(3) 安全施工的规定；
(4) 文明施工的要求。

培训要求

(1) 熟悉安全技术及防火措施；
(2) 了解安全施工的一般规定；
(3) 掌握安全操作规程和文明施工的要求。

13. 工具与机具

培训内容

(1) 量具的使用、维护；
(2) 手动及电动工具的使用、维护。

培训要求

(1) 掌握量具的使用、维护方法；
(2) 掌握手动和电动工具的使用、维护方法；
(3) 能制作简单的手工工具。

三、培训时间和计划安排

培训时间及采取的方法，各地区可根据本地的实际情况，采用现场教学，理论与实际操作教学结合等形式进行，但原则上应做到扎实、实际，学以致用，基本保证下述计划表要求的课时；使学员通过培训掌握初级水暖工的技术理论知识和操作技能。

计划课时分配表如下：

初级水暖工培训课时分配表

序　　号	课　题　内　容	计　划　学　时
1	水暖工程识图	14
2	水暖管道材料	10
3	管件加工工艺	14
4	管道支、吊架	8
5	管道的敷设与连接	10
6	室内给排水管及采暖管道	20
7	卫生器具	6
8	散热器	6
9	疏水器、减压阀	6
10	管道系统的试压	6
11	管道的防腐与保温	6
12	安全生产与文明施工	6
13	工具与机具	8
	合　　计	120

四、考 核 内 容

1. 应知考试

各地区教育培训单位，可以根据教材中各部分的复习题，选择出题进行考试。可采用判断题、选择和填空题三种形式。

2. 应会考试

各地区培训考核单位，可根据本地区的实际情况，在以下的考核项目中选择3项进行考核。

（1）制作和安装支、吊架。

（2）安装冷热水管道、排水管和采暖管。

（3）制作焊接弯头、三通。

（4）对管子进行煨弯。

（5）安装卫生器具。

中级水暖工培训计划与培训大纲

一、培训目的与要求

本计划大纲是根据建设部《建设行业职业技能标准》中级管道工中有关水暖工部分的理论知识（应知）、操作技能（应会）要求，结合全国建设行业全面实行建设职业技能岗位培训与鉴定的要求，按照《职业技能岗位鉴定规范》中级管道工中有关水暖工部分的鉴定内容编写的。

通过对中级水暖工的培训，使中级水暖工全面掌握本等级的技术理论知识和操作技能，掌握中级水暖工本岗位的职业要求，全面了解施工基础知识，为参加建设职业技能岗位鉴定做好准备，同时为升入高级水暖工打下基础。其培训具体要求：掌握管道轴测图的画法和对水暖施工图的识读；掌握流体力学及传热学基础知识；掌握管道安装的技术要求；能按图计算工料并对复杂管件进行下料和制作；对安全阀进行安装及调试；掌握常用机具、设备的使用与维护；具备安全生产、文明施工、成品保护的知识及自身安全防护能力；能遵守职业道德。

二、理论知识（应知）和操作技能（应会）的培训内容和要求

根据培训目的和要求，在培训过程中要严格按照本计划大纲的培训内容及课时要求进行。适应目前建筑施工生产的状况，加强实际操作技能的训练，理论教学与技能训练相结合，教学与施工生产相结合。

培训内容与要求

1. 水暖工程识图

培训内容

(1) 管道轴测图的基本知识及与平、立面图的关系和互换绘制;

(2) 水暖施工图和有关的建筑施工图的识读;

(3) 流体力学及传热学基础知识。

培训要求

(1) 掌握轴测图的绘制及与平、立面图的互换绘制;

(2) 掌握水暖施工图及有关建筑施工图的识读。

2. 水暖管道材料

培训内容

(1) 常用和新型管材的种类、名称、规格和用途;

(2) 常用附件、器具、阀门的种类、名称、规格及用途;

(3) 塑料管的性能及应用。

培训要求

(1) 熟悉水暖管道常用材料特别是塑料管材的性能;

(2) 了解常用管道附件的规格和用途。

3. 管件加工工艺

培训内容

(1) 复杂管件的展开、放样、下料与制作;

(2) 定尺寸煨弯的下料与制作;

(3) 按图计算工料。

培训要求

(1) 掌握复杂管件、定尺寸煨弯的下料、制作;

(2) 掌握按图计算施工所需工料。

4. 管道的布置、敷设与连接

培训内容

(1) 管道的布置和敷设方式;

(2) 管道的安装工艺;

（3）常用管材的连接工艺。
培训要求
（1）熟悉各类管道通用的安装工艺要求；
（2）掌握各种管材连接的工艺要点。
5. 室内水暖管道及热力管道
培训内容
（1）室内、外给水管道的安装、试压；
（2）室内排水管道的安装；
（3）室内采暖管道的安装、试压；
（4）热力管道的安装，疏排水及排气，热膨胀补偿。
培训要求
（1）掌握室内外给水，室内排水管的安装工艺及要求；
（2）熟悉室内采暖管道的安装工艺及要求；
（3）熟悉热力管道的疏排水、排气及热膨胀装置的安装。
6. 安全阀的安装与调试
培训内容
安全阀的安装、操作和调试。
培训要求
掌握安全阀的安装及调试要求。
7. 消防管道
培训内容
（1）消防管道的组成及作用；
（2）消防管道的安装及质量要求。
培训要求
熟悉消防管道的安装工艺和质量要求。
8. 施工验收及质量评定
培训内容
（1）施工验收规范；
（2）质量评定标准。
培训要求

（1）掌握验收规范的主要内容；
（2）了解质量评定的一般要求。
9. 安全与文明施工
培训内容
（1）安全施工的一般规定；
（2）管道安装的安全技术及防火措施；
（3）文明施工的要求。
培训要求
（1）了解安全施工的一般规定；
（2）掌握管道施工的安全技术及防火措施；
（3）熟悉文明施工的要求。
10. 机具的使用与维修
培训内容
（1）水暖工常用机具的作用及维修；
（2）小型电动工具的使用与维修。
培训要求
掌握常用机具和电动工具的使用与维修。

三、培训时间和计划安排

培训时间及采取的方法，各地区可根据本地的实际情况采用现场教学，理论与实际操作教学结合等形式进行，但原则上应做到扎实、实际，学以致用，基本保证下述计划表要求的课时；使学员通过培训掌握中级水暖工的技术理论知识和操作技能。

计划课时分配表如下：

中级水暖工培训课时分配表

序号	课题内容	计划学时
1	管道工程识图	12
2	水暖管道材料	8
3	管件加工工艺	12

续表

序号	课题内容	计划学时
4	管道的布置、敷设与连接	10
5	室内水暖管道及热力管道	20
6	安全阀的安装与调试	6
7	消防管道	8
8	施工验收及质量评定	10
9	安全与文明施工	6
10	机具的使用与维修	8
	合计	100

四、考核内容

1. 应知考试

各地区教育培训单位，可以根据教材中各部分的复习题，选择出题进行考试。可采用判断题、选择和填空题三种形式。

2. 应会考试

各地区培训考核单位，可根据本地区的实际情况，在以下考核项目中选择 4 项进行考核。

(1) 绘制管道轴测图并与平、立面图结合，互换绘制。

(2) 复杂管件的展开下料与制作。

(3) 按图计算工料。

(4) 定尺寸煨弯的下料与制作。

(5) 热力管道的安装。

高级水暖工培训计划与培训大纲

一、培训目的与要求

本计划大纲是根据建设部《建设行业职业技能标准》高级管道工中有关水暖工部分的理论知识（应知）、操作技能（应会）要求，结合全国建设行业全面实行建设职业技能岗位培训与鉴定的要求，按照《职业技能岗位鉴定规范》高级管道工中有关水暖工部分的鉴定内容编写的。

通过对高级水暖工的培训，使高级水暖工全面掌握本等级的技术理论知识和操作技能，掌握高级水暖工本岗位的职业要求，全面了解施工基础知识，为参加建设职业技能岗位鉴定做好准备。其培训具体要求：掌握水暖管路的设计原理；了解新型管材的发展动态；掌握消防自动喷淋系统的调试；掌握管道工程质量的检查和评定；掌握常用机具、设备的使用与维护；具备安全生产、文明施工、成品保护的知识及自身安全防护能力；有较高的职业道德和一定的组织能力。

二、理论知识（应知）和操作技能（应会）的培训内容和要求

根据培训目的和要求，在培训过程中要严格按照本计划大纲的培训内容及课时要求进行。适应目前建筑施工生产的状况，加强实际操作技能的训练，理论教学与技能训练相结合，教学与施工生产相结合。

培训内容与要求

1. 水暖管路设计原理

培训内容

(1) 重温流体力学和传热学的有关内容；

(2) 室内给水排水的设计原理；

(3) 室内采暖的设计原理。

培训要求

(1) 掌握室内给水、排水设计的要领；

(2) 熟悉室内采暖设计要求。

2. 新型管材的加工和应用

培训内容

(1) 新型管材的发展动态；

(2) 新管材的特点、加工和应用。

培训要求

了解新型管材的性能和加工要领。

3. 消防管道及自动喷淋装置

培训内容

(1) 重温消防管道组成及分类；

(2) 自动喷淋消防系统的操作顺序及调试。

培训要求

掌握自动喷淋消防系统的操作与调试。

4. 水暖工程质量检查

培训内容

(1) 水暖工程质量检查要点；

(2) 水暖工程质量评定内容；

(3) 对水暖、消防管道的检验、评定。

培训要求

(1) 掌握质量检查、评定的要点；

(2) 能对已施工的水暖管道进行检查、评定。

5. 安全与文明施工

培训内容

(1) 安全施工的一般规定；
(2) 管道安装的安全技术及防火措施；
(3) 文明施工的要求。
培训要求
(1) 熟悉安全施工的规定；
(2) 掌握施工的安全技术和防火措施；
(3) 掌握文明施工的要求。
6. 机具的使用与维修
培训内容
(1) 水暖工常用机具的作用及维修；
(2) 小型电动工具的使用与维修。
培训要求
掌握常用机具和电动工具的使用与维修。

三、培训时间和计划安排

培训时间及采用的方法，各地区可根据本地的实际情况采用现场教学，理论与实际操作教学结合等形式进行，但原则上应做到扎实、实际，学以致用，基本保证下述计划表要求的课时；使学员通过培训掌握高级水暖工的技术理论知识和操作技能。

计划课时分配表如下：

高级水暖工培训课时分配表

序　　号	课　题　内　容	计　划　学　时
1	水暖管路设计原理	16
2	新型管材的加工和应用	12
3	消防管道及自动喷淋装置	16
4	水暖工程质量检查	18
5	安全与文明施工	8
6	机具的使用与维修	10
	合　　计	80

四、考 核 内 容

1．应知考试

各地区教育培训单位，可以根据教材中各部分的复习题，选择出题进行考试。可采用判断题、选择和填空题三种形式。

2．应会考试

各地区培训考核单位，可根据本地区的实际情况，在以下考核项目中选择3项进行考核。

（1）对某项室内给排水管道安装进行质量检查、评定。

（2）对某项室内采暖管道进行质量检查、评定。

（3）对某项消防管道安装进行质量检查、评定。

（4）对消防自动喷淋系统进行调试。

初级建筑电工培训计划与培训大纲

一、培训目的与要求

本计划大纲根据建设部颁布的《建设行业职业技能标准》初级建筑电工的理论知识（应知）、操作技能（应会）要求，结合全国建设行业全面实行建设职业技能岗位培训与鉴定的要求，按照《职业技能岗位鉴定规范》初级建筑电工的鉴定内容编写的。

通过对初级建筑电工的培训，使初级建筑电工基本掌握本等级的技术理论和操作技能，掌握初级建筑电工本岗位的职业要求，全面了解施工基础知识，为参加职业技能岗位鉴定做好准备，同时为升入中级建筑电工打下基础。其培训具体要求：掌握电工的基本知识；能识读电气图；掌握常用工具仪表的使用；掌握变压器的构造及铭牌，能正确使用维护；懂得互感器使用中注意事项；掌握电动机结构，能正确使用和维护电动机；能选择和安装常用低压电器；掌握照明及电力线路的选择和安装要求；掌握电缆敷设要求及维护；能够安装整流及滤波电路；具备触电急救知识，熟悉防触电措施；具有对职业道德的行为准则的遵守能力。

二、理论知识（应知）和操作技能（应会）的培训内容和要求

根据培训目的和要求，在培训过程中要严格按照本计划大纲的培训内容及课时要求进行。适应目前建筑施工生产的状况、特点，要加强实际操作技能的训练，理论教学与技能训练相结合，教学与施工生产相结合。

培训内容与要求

1. 电工基础知识

培训内容

(1) 直流电路基本概念;

(2) 电阻串联、并联及混联;

(3) 电容器;

(4) 磁与电磁的基本知识;

(5) 交流电路基本概念。

培训要求

(1) 了解直流电基本概念、重点了解电路三种状态,掌握电功、电功率概念;

(2) 掌握电器串联和并联电路特点,了解混联电路;

(3) 了解电容器的指标和电容器的充放电路;

(4) 掌握磁的基本知识,了解电磁感应现象;

(5) 了解交流电概念,掌握三相交流电的供电方式。

2. 电气测量仪表及应用

培训内容

(1) 钳形电流表;

(2) 接地电阻的测量;

(3) 电流表与电压表的使用;

(4) 万用表的用途与使用;

(5) 兆欧表结构与使用。

培训要求

(1) 了解低压验电器和高压验电器结构,掌握正确使用方法;

(2) 了解电工测量仪表分类,掌握常用电流表与电压表使用方法;

(3) 了解多用途万用表测量范围、掌握使用方法;

(4) 了解兆欧表结构,掌握使用兆欧表的注意事项。

3. 电工识图

培训内容

（1）电气常用图形符号；

（2）电气图识图；

（3）识图实例。

培训要求

（1）掌握常用电气图形符号；

（2）掌握识图方法和步骤；

（3）掌握照明配电电气图、熟悉电力配电电气图。

4．变压器

培训内容

（1）变压器的分类和用途及铭牌数据；

（2）变压器基本构造和工作原理；

（3）互感器的特点和使用注意事项。

培训要求

（1）了解变压器分类和用途、掌握铭牌参数意义，正确使用和维修变压器；

（2）了解单相和三相变压器的构造和工作原理；

（3）了解电压和电流互感器的特点，使用中注意事项。

5．三相异步电动机

培训内容

（1）三相异步电动机结构与工作原理；

（2）三相异步电动机分类用途及铭牌参数；

（3）异步电动机保护与运行。

培训要求

（1）了解三相异步电动机结构和基本工作原理；

（2）了解常用异步电动机分类，掌握电动机铭牌参数意义，正确使用和维护电机。

6．常用低压电器及控制线路

培训内容

（1）刀形开关选用安装和维修；

（2）组合开关结构选用安装与使用；
（3）熔断器分类和型号及熔体选择。
培训要求
（1）了解刀形开关型号，掌握其选择和安装；
（2）了解组合开关结构型号，掌握其选用安装和使用；
（3）了解熔断器型号掌握熔体的选择；
（4）了解热继电器和交流接触器结构和用途、熟悉其主要参数。
7.建筑电气照明
培训内容
（1）常用光源的种类与特点；
（2）灯具的布置与安装。
培训要求
（1）了解常用照明装置，掌握照明及动力线路安装要求。
（2）了解低压线路架设的要求，掌握导线选择条件。
8.电缆线路
培训内容
（1）电缆种类和型号；
（2）电缆敷设一般要求运行与维护；
（3）10kV以下电缆终端头的制作。
培训要求
（1）了解电力电缆结构特点及型号；
（2）掌握电缆敷设要求、了解其维护；
（3）熟悉电缆终端头的制作。
9.晶体管及简单应用
培训内容
（1）晶体二极管和三极管；
（2）单相整流及滤波电路。
培训要求
（1）了解二极管结构和伏安特性，掌握其主要参数和简单判别；

（2）了解三极管结构和特性，掌握电流放大作用及主要参数；

（3）掌握单相半波和桥式整流电路特点、了解滤波电路。

10. 电气安全

培训内容

（1）触电与触电急救；

（2）防止触电技术措施。

培训要求

（1）了解触电种类，熟悉触电急救；

（2）掌握间接和直接接触防护措施。

三、培训时间和计划安排

培训时间及采取的方法、各地区可根据本地的实际情况采用不同的形式进行、但原则上做到扎实、实际、学以致用，基本保证下述计划表要求的课时；使学员通过培训掌握本职业的技术知识和操作技能。

计划课时分配表如下：

初级建筑电工培训课时分配表

序　号	课题内容	计划学时
1	电工基础知识	20
2	电工工具和指示仪表使用	8
3	电工识图	8
4	变压器	10
5	三相异步电动机及电力拖动控制	16
6	常用低压电器	10
7	照明及电力线路	12
8	电缆线路	10
9	晶体管及应用	14
10	电气安全	12
	合　　计	120

四、考 核 内 容

1. 应知考试

应知考核可采用答卷形式、以是非题、选择题、计算题和问答题四种题型进行考试、具体可由各培训单位根据本教材复习题选择出题。

2. 应会考试

应会考试则应根据初级建筑电工应具体掌握的试验操作、在以下考核内容中选择 2～3 项进行实际考核。

(1) 导线连接及线路敷设。

(2) 电力线路照明线路的检修。

(3) 常用低压电器的使用与检查。

(4) 三相异步电动机运行前检查。

(5) 三相异步电动机单向运转控制线路的安装。

(6) 小型变压器常见故障判断及修复。

(7) 电气控制线路故障判断及修复。

(8) 桥式整流电路安装与测量。

(9) 10kV 电缆终端头的制作。

(10) 电工安全操作规程和电气设备使用安全规程的说明。

中级建筑电工培训计划与培训大纲

一、培训目的与要求

本计划大纲是根据建设部颁布的《建设行业职业技能标准》中级建筑电工的理论知识（应知），操作技能（应会）要求，结合全国建设行业全面实行建设职业技能岗位培训与鉴定的要求，按照《职业技能岗位鉴定规范》中级建筑电工的鉴定内容编写的。

通过对中级建筑电工的培训，使中级建筑电工基本掌握本等级的技术理论和操作技能，掌握中级建筑电工本岗位的职业要求，全面了解施工基础知识，为参加职业技能岗位鉴定做好准备，同时为升入高级建筑电工打下基础。其培训具体要求：掌握交流电路的分析方法；熟悉三相交流电路特点；掌握电力变压器安装，了解变压器维护检查的要求；掌握三相异步电动机起动方法及起动设备选用；掌握降压起动控制线路；熟悉三极管放大电路和晶闸管工作特性，能分析晶闸管调压电路；掌握电梯电气控制系统及安装调试；了解自控仪表的安装；熟悉接地装置的安装及防护雷击的措施；具有对职业道德行为准则的遵守能力。

二、理论知识（应知）和操作技能（应会）的培训内容和要求

根据培训目的和要求，在培训过程中要严格按照本计划大纲的培训内容及课时要求进行。适应目前建筑施工生产的状况、特点，要加强实际操作技能的训练、理论教学与技能训练相结合，

教学与施工生产相结合。

培训内容与要求

1. 电工学知识

培训内容

(1) 复杂直流电路的分析;

(2) 交流电路的概念和电路分析;

(3) 三相交流电路分析。

培训要求

(1) 熟悉纯电阻、纯电容、纯电感交流电路、了解电阻与电感、电阻与电容交流电路分析;

(2) 掌握三相交流电路三相负载的联结、了解三相负载的总功率。

2. 电力变压器

培训内容

(1) 电力变压器安装;

(2) 电力变压器运行前检查和试验;

(3) 变压器运行特征。

培训要求

(1) 掌握安装前施工准备工作、了解变压器投入运行前的检查;

(2) 了解变压器维护检查各项要求。

3. 电动机

培训内容

(1) 直流电动机构造和工作原理;

(2) 三相异步电动机的起动;

(3) 三相绕线式异步电动机起动控制线路。

培训要求

(1) 了解直流电动机构造和工作原理, 熟悉直流电动机的分类;

(2) 掌握三相异步电动机直接起动的条件、了解降压起动方法及起动器选用；

（3）了解绕线式异步电动机构造及起动控制线路。

4. 低压电器及控制线路

培训内容

（1）时间继电器的分类及选择；

（2）电流继电器用途及型号；

（3）Y—Δ 降压起动控制线路。

培训要求

（1）了解时间继电器的种类掌握空气阻尼式时间继电器结构；

（2）了解电流继电器和电压继电器的区别、了解电流继电器使用与维护；

（3）掌握 Y—Δ 降压起动控制线路。

5. 三极管电路和晶闸管电路

培训内容

（1）晶体三极管基本放大电路和振荡电路；

（2）晶闸管及其应用；

（3）单结晶体管和触发电路。

培训要求

（1）掌握基本放大电路、了解振荡电路；

（2）了解晶闸管构造、掌握其工作特性、分析晶闸管可控整流电路；

（3）了解单结管触发电路。

6. 电梯的安装及调试

培训内容

（1）电梯的概述；

（2）电梯的安装；

（3）电梯调试。

培训要求

（1）了解电梯基本结构和基本知识；

（2）了解电梯的安装过程；

（3）了解电梯的调试方法。

7. 弱电工程技术

培训内容

（1）共用天线电视系统；

（2）电话系统。

培训要求

了解共用天线结构组成。电话系统的组成。掌握其校验与安装。

8. 接地与避雷

培训内容

（1）接地的基本概念；

（2）接地装置的安装；

（3）防护雷击的措施。

培训要求

（1）了解接地的作用；

（2）掌握接地装置安装要求；

（3）了解雷电危害、掌握雷击防护措施。

三、培训时间和计划安排

培训时间及采取的方法、各地区可根据本地的实际情况采用不同的形式进行，但原则上做到扎实、实际、学以致用、基本保证下述计划表要求的课时；使学员通过培训掌握本职业的技术理论和操作技能。

计划课时分配表如下：

中级建筑电工培训课时分配表

序　号	课　题　内　容	计　划　学　时
1	电工学知识	14
2	电力变压器	12

续表

序　号	课题内容	计划学时
3	电动机	12
4	低压电器及控制线路	14
5	晶体管和晶闸管电路	18
6	电梯控制系统及安装调试	22
7	自控仪表的安装	4
8	接地与避雷	4
	合　计	100

四、考核内容

1. 应知考试

应知考核可采用答卷形式，以填空题、是非题、选择题、计算题和问答题五种题型进行考试、具体可由各培训单位根据本教材复习题选择出题。

2. 应会考试

应会考试应根据中级建筑电工应具体掌握的试验操作，在以下考核内容中选择 3～4 项进行实际考核。

（1）异步电动机降压起动控制线路安装与调试。

（2）常用控制电气线路的安装与检修。

（3）电缆的检修。

（4）晶闸管调压电路的安装与调试。

（5）电力变压器维护检修。

（6）宾馆房间电气控制线路安装与故障排除。

（7）电梯部分控制线路安装调试。

（8）桥式起重机的安装与调试。

（9）直流电动机的拆装与检修。

高级建筑电工培训计划与培训大纲

一、培训目的与要求

本计划大纲是根据建设部颁布的《建设行业职业技能标准》高级建筑电工的理论知识（应知）、操作技能（应会）要求，结合全国建设行业全面实行建设职业技能岗位培训与鉴定的要求，按照《职业技能岗位鉴定规范》高级建筑电工的鉴定内容编写的。

通过对高级建筑电工的培训，使高级建筑电工掌握本等级的技术理论知识和操作技能，掌握高级建筑电工本岗位的职业要求，全面了解施工基础知识，为参加职业技能岗位鉴定做好准备，其培训具体要求：掌握交、直流电动机故障处理，能够分析交、直流电动机调速方法；掌握变电室隔离开关和负荷开关检查和调整；熟悉变压器、高压断路器、接触器的故障处理；掌握稳压电源、可控整流电路的组成和调试；能分析电力系统继电保护的工作过程；熟悉同步发电机励磁调节装置的调整；具有对初、中级工示范操作传授技能的能力；具有对职业道德的行为准则的遵守能力。

二、理论知识（应知）和操作技能（应会）的培训内容和要求

根据培训目的和要求，在培训过程中要严格按照本计划大纲的培训内容及课时要求进行。适应目前建筑施工生产状况、特点。要加强实际操作技能的训练，理论教学与技能训练相结合，

教学与施工生产相结合。

培训内容与要求

1. 电机及拖动

培训内容

（1）单相异步电动机；

（2）直流电动机与交流电动机的调速；

（3）交流、直流电动机的故障及处理。

培训要求

（1）了解单相异步电动机结构，掌握电容起动电动机特点；

（2）了解交、直流电动机常用调速方式；

（3）掌握交直流电动机常见故障的处理方法。

2. 建筑供电

培训内容

（1）室内配电线路；

（2）低压配电设备；

（3）导线选择与敷设。

培训要求

（1）了解低压配电系统的类型及室内配线的技术要求；

（2）掌握低压配电箱安装要求；

（3）掌握导线选择方法；

（4）掌握导线的敷设要求。

3. 电气设备常见故障及其处理

培训内容

（1）变压器异常运行及事故处理；

（2）高压断路的故障及其处理；

（3）直流电动机的故障及其处理；

（4）接触器，空气开关故障及处理。

培训要求

（1）了解变压器异常运行时现象和处理方法；

（2）了解高压断路器故障原因；

(3) 了解直流电动机故障处理；

(4) 了解接触器空气开关故障现象。

4. 模拟电子技术

培训内容

(1) 直流稳压电源电路；

(2) 三相桥式可控整流电路；

(3) 集成运算放大器。

培训要求

(1) 掌握直流稳压电源的组成部分、了解稳定电压过程；

(2) 了解三相桥式可控整流电路，掌握电路输出电压平均值；

(3) 了解集成运算放大器特性。

5. 建筑电气照明线路

培训内容

照明线路的布置与敷设。

培训要求

(1) 了解照明线路的要求；

(2) 掌握照明线路的布置与敷设。

6. 建筑工程设备的控制电路

培训内容

(1) 混凝土搅拌机的控制电路；

(2) 塔式起重机的控制电路。

培训要求

(1) 分析控制电路的工作过程，与工作要求；

(2) 能够安装调试控制电路。

三、培训时间和计划安排

培训时间及采取的方法，各地区可根据本地的实际情况采取不同的形式进行，但原则上做到扎实、实际、学以致用，基本保证下述计划要求的课时；使学员通过培训掌握本职业的技术理论和操作技能。

计划课时分配表如下：

高级建筑电工培训课时分配表

序号	课题内容	计划学时
1	电机及拖动	14
2	变配电所装置及运行操作	14
3	电气设备常见故障及其处理	16
4	模拟电子技术	16
5	电力系统继电保护	12
6	同步发电机	8
	合计	80

四、考核内容

1. 应知考试

应知考试可采用答卷形式，以是非题、选择题、计算题和问答题四种题型进行考试，具体可由各培训单位根据本教材思考题选择出题。

2. 应会考试

应会考试则应根据高级建筑电工应具体掌握的试验操作，在以下内容中选择3～4项进行实际考核。

（1）串联型稳压电源的安装与调试。

（2）三相桥式可控整流电路的安装与调试。

（3）电力系统过流保护控制的安装与检修。

（4）变压器故障分析与排除。

（5）直流电动机调速器的故障分析。

（6）机床电气设备的故障修理。

（7）逆变器与斩波器故障的修理。

（8）低压电器的修理。